超滤膜水处理

田家宇　高珊珊　著

中国建筑工业出版社

图书在版编目（CIP）数据

超滤膜水处理/田家宇，高珊珊著. —北京：中国建
筑工业出版社，2018.10
ISBN 978-7-112-22233-9

Ⅰ.①超… Ⅱ.①田… ②高… Ⅲ.①超滤膜-污水
处理-研究 Ⅳ.①X703

中国版本图书馆 CIP 数据核字（2018）第 105605 号

责任编辑：王美玲　吕　娜
责任设计：李志立
责任校对：芦欣甜

超滤膜水处理

田家宇　高珊珊　著

*

中国建筑工业出版社出版、发行（北京海淀三里河路 9 号）

各地新华书店、建筑书店经销

霸州市顺浩图文科技发展有限公司制版

北京建筑工业印刷厂印刷

*

开本：787×1092 毫米　1/16　印张：12¼　字数：303 千字

2019 年 2 月第一版　2019 年 2 月第一次印刷

定价：**40.00** 元

ISBN 978-7-112-22233-9

（32115）

前　言

保障饮用水水质安全是饮用水处理的首要目的。以混凝、沉淀、过滤、消毒为核心的常规处理工艺已有 100 多年的应用历史，在保障饮用水安全性方面发挥了巨大作用，有效控制了水介传染病的传播。美国对 20 世纪为人类社会作出突出贡献的工程技术进行评选，在被推荐的 105 项工程技术中，城市集中供水及水质净化技术位列第四。

1993 年是水处理历史上的一个分水岭，4 月美国威斯康星州密尔沃基市爆发了隐孢子虫病，导致 40 余万人生病，并有 50 例死亡。这场大规模流行病的暴发最终归结为公共供水系统，证实是由于隐孢子虫卵囊穿透包括快滤池在内的常规饮用水处理工艺所导致的。于是，常规处理工艺的不足开始显露，人们对公共供水系统的信心也开始动摇。

而此时，膜分离技术已得到了迅速发展，膜制造工艺逐渐成熟，膜材料价格不断下降，同时，膜的组件构型和运行模式也得到了系统优化，使得膜由一次性消耗品逐渐转变为可以循环持续使用的净水产品。在这样的背景下，将超滤技术应用于饮用水处理领域得到了全球范围内水处理工作者的高度重视。超滤凭借其纳米级孔径的筛滤截留作用，可有效去除水中的致病微生物，如"两虫"、细菌，甚至是病毒，使得饮用水生物安全性实现了由相对安全向绝对安全的飞跃。

目前，尽管超滤技术已在饮用水处理领域得到了一定推广应用，但仍有一些关键问题需要重点加以考虑。比如，超滤膜的污染问题，这是一个老生常谈的问题，为有效解决膜污染问题，需从主要膜污染物识别、膜污染机理、膜污染控制等角度进行阐释，进而构建系统化的方案。再比如，超滤与常规处理工艺如何优化组合问题，我国的饮用水处理普遍采用常规处理工艺，工艺设计与运行以除浊为评价基准，而超滤膜本身具有优良的物理分离作用，深度除浊不再是一个难题，因此在采用超滤技术对常规工艺进行提标改造时，如何进行工艺的耦合与适配，如何对常规处理单元和超滤单元进行协同优化，将是一个全新的课题。

在李圭白院士的倡导下，作者已开展了 10 余年超滤膜法饮用水处理技术的研究。本书对研究中取得的主要成果进行了总结。全书共分 6 章：第 1 章，对饮用水净化的发展史和膜分离技术发展史进行了简要介绍；第 2 章，采用高效液相—在线有机碳检测技术和三维荧光光谱—平行因子分析技术，对水中造成超滤膜污染尤其是不可逆污染的有机物组分进行了系统分析；第 3 章，采用原子力显微镜和石英晶体微天平等现代检测仪器，对不同分子量有机物在超滤膜上的微界面污染机理进行了探讨；第 4 章，从膜前预处理、膜过程运行优化、受污染膜化学清洗等角度，论述了超滤膜污染控制方法；第 5 章，针对常规饮用水处理工艺与超滤的短流程适配进行了重点介绍；第 6 章，考察了浸没式超滤膜生物反应器及其组合工艺净化受污染原水的除污染效能与运行特性。本书内容除源于作者自己的研究外，还包含了多位研究生的研究工作，包括孙伟光、段宇浩、沈一苇、耿婷婷、金舒敏等，在此对所有为本书作出贡献的人表示衷心的感谢！此外，本书还参考了大量国内外

3

文献，在此一并表示感谢！

  本书可供膜法饮用水处理领域科研人员、工程技术人员以及相关专业的本科生、研究生参考。同时，也希望本书能对膜法污水再生领域的相关人员有所帮助，以促进我国水处理技术的不断发展。由于作者水平有限，书中不免存在诸多错误与不足，敬请读者批评指正。

2018 年 4 月

目　　录

第1章 饮用水处理与超滤膜技术的历史发展

在地球表面，水几乎随处可见。尽管地球上水资源总容量达 14.6 亿 km³，但 97.3%为海水和苦咸水。在剩余 2.7%的淡水中，还有 77.2%是储存于南北极与冰川层中，以冰和雪的形式存在。这样，地球上的总水资源当中仅有 1%可供人类直接使用。

水是生命之源，从人类发展史上看，人类聚集区形成和发展的一个重要前提条件就是能够保证获取并维持足够数量的水资源，靠水而居是人类最早聚居活动的主要表象。水是人类文明的摇篮，是人类赖以生存的第一物质基础条件，人类在各个时期的发展几乎都与水息息相关。在早期的发展中，主要关注的因素是可利用的高品质水资源数量。从爱琴海沿岸的古希腊文明到尼罗河沿岸的古埃及文明，从恒河流域的古印度文明到两河流域的古巴比伦文明，尤其是长江、黄河流域的古中国文明，都在人类漫长的文明史上刻下了深深的印记，并谱写出光辉的历史篇章。

但是，人口数量的剧增，给有限的高品质水资源造成了很大压力，水源逐渐受到市政、农业、工业等污染源的污染，水质逐年下降。事实上到目前为止，几乎所有的原水都需要经过适当的处理之后才能安全饮用。

1.1 饮用水处理的发展史

所谓"饮用水处理"，是指对江河、湖库、地下水等不同来源的水进行适当的"人为操控"，使之达到特定的水质要求，以满足人们安全饮用的目的。表 1-1 列举了人类历史发展过程中一些关于饮用水水质和饮用水处理的重要事件。从表中可以看出，最早的饮用水处理技术之一是将水放在一个容器中，用火将其煮沸，该方法主要是在分散式的家庭中使用。然而从 16 世纪开始，越来越有必要对较大量的原水采用某种方式进行集中处理，以满足日益壮大的人类聚居区的供水需要，这些聚居区也就是现代城市的雏形。

19 世纪下半叶和 20 世纪上半叶，水处理专家所面临的主要挑战是如何消除水介传染病的暴发。在此期间，发达国家实现了对致死率较高的水介传染病如伤寒、霍乱等的控制。随着科技的不断进步，到了 20 世纪后 30 年，人们对公共健康的关注逐渐从急性传染病的暴发向"微量污染物"的慢性毒性效应转移。

到了 21 世纪的今天，人们对饮用水水质安全的关注焦点主要集中在两个方面：①消减微生物尤其是致病微生物的暴露风险，即保证饮用水的生物安全性；②消减对健康有毒副作用的微量有机物的暴露风险，即保证饮用水的化学安全性。

1. 水介细菌性传染病控制

在 19 世纪中期，人们普遍认为诸如霍乱和伤害之类的传染病主要是通过呼吸瘴气（一种由于湿热而从腐败的尸体上所蒸发的能致病的毒气）传播。这种观点在 19 世纪的后半叶开始改变。John Snow 医生首先证明 1854 年伦敦霍乱的暴发是由于百老大街水井的

人类发展史中关于饮用水的一些重要事件　　　　　　　　　　表 1-1

时间	事件
公元前 4000 年	古印度文和古希腊文史料中推荐了饮用水水处理方法。古印度文中记载:不干净的水应当通过在火上煮沸进行净化,或者在太阳下加热,或将加热的铁浸入到水中,或通过砂和砾石过滤对其进行净化
公元前 3000～前 1500 年	克里特岛的米诺斯文明中,发明了非常先进的供水技术,足以和欧洲、北美 19 世纪下半叶发展起来的现代化城市供水系统相媲美,技术传播到地中海地区
公元前 1500 年	埃及人开始使用明矾对水中的悬浮颗粒进行沉淀处理,所使用的装置描绘在底比斯阿梅诺菲斯二世坟墓的墙上,相关图画在后来拉美西斯二世的坟墓中也有发现
公元前 5 世纪	西医之父希波克拉底认为雨水在饮用之前应当煮沸和过滤,他发明了"希波克拉底袖形过滤器",用布做成,可以过滤水中的杂质
公元前 3 世纪	公共供水系统在公元前 3 世纪末期的罗马、希腊、迦太基和埃及形成并得以发展
公元前 340～225 年	古罗马工程师采用人工引水渠为罗马城创建了供水量达 49 万 m^3/d 的供水系统
1676 年	荷兰科学家 Anton van Leeuwenhoek 首次在显微镜下观察到微生物
1703 年	法国科学家 La Hire 给法国科学院递交规划,提议每个家庭都使用砂滤器和雨水储水池
1746 年	法国科学家 Joseph Amy 获得了第一个关于过滤器设计的专利授权,到 1750 年,这个主要由海绵、木炭和羊毛所构成的过滤器实现了商业化
1804 年	第一个市政供水厂于苏格兰的佩斯利建成,过滤后的水通过马车配送
1807 年	苏格兰的格拉斯哥成为第一批采用输水管线将处理后的饮用水输送到用户的城市之一
1829 年	英国的伦敦建成了慢砂滤池
1835 年	Robley Dunlingsen 博士在他的著作《公共健康》里,建议添加少量的氯以使受污染的水可饮用
1846 年	Ignaz Semmelweiss 医生提议医生在每一次探察病人之前,都应当用氯对双手进行消毒,该措施的实施使得病人死亡率从 18% 降低至 1%
1854 年	John Snow 医生发现一场可怕的亚细亚霍乱的流行来源于百老大街的水井,该水井受到一个刚刚从印度返回的霍乱牺牲者的粪坑的污染。Snow 医生当时并不知道细菌的存在,他猜测存在某种因子,该因子可在病人体内自我复制,通过消化道排出,并通过供水系统传播给其他人
1854 年	意大利解剖学家 Filippo Pacini 研究发现亚细亚霍乱是由活的生物体所引起,但是他的研究在当时并未引起人们的注意
1856 年	英国土木工程师 Thomas Hawksley 建议采用连续加压供水系统,作为防止外部污染的一项策略
1864 年	法国微生物学家 Louis Pasteur 撰文阐述了疾病的病菌学理论
1874 年	慢砂滤池在美国的波基普西、纽约等地建成使用
1880 年	德国病理学家/细菌学家 Karl Joseph Eberth 分离出了伤寒症的致病因子——伤寒沙门氏菌
1881 年	德国医学家/细菌学家 Robert Koch 在实验室证明氯可以灭活细菌
1883 年	德国光学仪器制造商 Carl Zeiss 首次将用于研究目的的显微镜商业化
1884 年	Escherich 教授从霍乱病人的粪便中分离出生物体,起初被认为是霍乱的致病因子,后来发现在健康个体的肠道中也存在类似生物体。该生物体以他的名字命名:大肠埃希氏菌($E. coli$)
1884 年	德国医学家/细菌学家 Robert Koch 证明亚细亚霍乱是由一种细菌引起的,菌体弯曲呈弧状或逗点状,命名为霍乱弧菌
1892 年	一场霍乱袭击了德国汉堡,邻近城市阿尔托纳则由于对水采用慢砂过滤处理而有效避免了该场流行病。自此,颗粒介质过滤的重要作用得到广泛认可
1892 年	纽约州健康委员会采用 Theobald Smith 发明的发酵管法测定 Mahawk 河中的大肠埃希氏菌,以证明生活污水污染与伤寒症传播之间的联系

续表

时间	事　件
1893 年	美国第一座砂滤池于马萨诸塞州劳伦斯市建成，目的是降低供水人口的死亡率，事实证明该法取得了巨大的成功
1897 年	美国卫生工程师 George W. Fuller 针对砂滤池展开研究，发现当砂滤与混凝、沉淀联用时，对细菌的去除效果显著增强
1902 年	比利时米德尔·凯尔克首次对饮用水进行氯化消毒，处理工艺是将次氯酸钙和三氯化铁混合于水中，同时取得混凝和消毒效果
1903 年	美国密苏里州圣路易斯市采用铁盐和石灰对密西西比河水进行软化处理
1906 年	法国尼斯市首次采用臭氧作为消毒剂，美国在约 40 年之后也开始使用臭氧
1908 年	美国新泽西州的泽西城在 Fuller 咨询公司 George Johnson 的帮助下，建立了连续氯消毒系统
1911 年	Johnson 出版了《公共供水的次氯酸盐处理》，阐明对于受污染水体而言，仅采用过滤处理并不充分，在处理工艺中增设氯化消毒可显著降低细菌污染的风险
1914 年	美国公共卫生署采用 Smith 发明的发酵管大肠菌检测方法，设立了饮用水的细菌学标准，但该标准仅应用于州际之间轮船、火车等交通工具的供水系统
1941 年	根据美国公共卫生署的一项调查，美国 85% 的供水系统已采用氯化消毒处理
1942 年	美国公共卫生署设立了第一套系统的饮用水水质标准
1974 年	荷兰和美国的研究表明对水进行氯化处理时可形成三卤甲烷
1974 年	美国国会通过《饮用水安全法案》(Safe Drinking Water Act)

污染，尽管当时还没有形成流行病的微生物学理论，但是 Snow 猜测霍乱的致病因子具有微生物的特质，可以通过自我复制达到很大的数量，并从受害者的消化道排出，进入到水井后得以传播扩散。不久之后，William Budd 证明伤寒症也是通过饮用水的污染进行传播。10 年之后，Louis Pasteur 博士建立了疾病的病菌学理论，慢慢地，在以往流行病事件中所得到的经验性结论开始变得有据可依。19 世纪 80 年代，Karl Joseph Eberth 分离出了伤寒症的致病因子——伤寒沙门氏菌，Robert Koch 发现了亚细亚霍乱的致病菌——呈弧状或逗点状的霍乱弧菌。到 19 世纪 80 年代后期，人们越来越清晰地认识到，很多重要的流行性疾病都是通过水介传播的，包括霍乱、伤寒、疟疾等。1892 年，Theobald Smith 发明了水中大肠埃希氏菌的测定方法，可用以反映饮用水受到生活污水污染的情况。1898 年，Fuller 在他的报告中论证了混凝—沉淀—过滤工艺用于饮用水处理的好处。该工艺我们现在称之为"常规饮用水处理工艺"。

20 世纪初，人们又发明出了连续流加氯消毒系统，可更好地实现对饮用水中细菌的控制。因此，在随后的 40 年里，人们致力于采用"常规水处理工艺"和氯消毒技术对地表水进行集中处理。截至 20 世纪 40 年代，发达国家中的绝大多数供水系统都拥有了完整的处理措施（混凝—沉淀—过滤—消毒），其净化后的水被认为具有微生物学意义上的安全性。事实上，在 20 世纪 40—50 年代，能否提供具有微生物安全性的饮用水，已经成为衡量现代文明的一个重要标志。

2. 从细菌到病毒

综上所述，无论是饮用水的处理技术还是水质指标体系，都是从控制人类细菌性疾病从粪—口途径传播的角度出发进行考量的。然而，科学家已证实，一些传染病媒介的尺度比细菌要小很多，例如病毒。从 19 世纪 40 年代早期到 60 年代，越来越多的事实表明病毒也可导致一些疾病通过粪—口途径传播，并且传统的细菌检测方法并不适用于病毒的检测。

3. 微量有毒污染物

随着工业的发展和科技的进步，人们逐渐开始关注水中微量有毒污染物对公众健康的潜在危害。在 20 世纪 60 年代，美国公共卫生署开发了一种相对简单的基于碳吸附和萃取的方法，以期对水中微量有毒有机物的总量进行评价。到了 20 世纪 70 年代中期，随着气相色谱—质谱的出现，使得在非常低的浓度水平上对这些化合物进行检测成为可能。在这一时期，制定了大量关于水中微量有毒污染物的规定，以避免对人体造成危害，其中最重要的一项就是关于对氯化消毒过程中产生的消毒副产物的规定。人们期望能在利用消毒技术对微生物风险进行控制的同时，也能防止消毒副产物的形成。

4. 新的水质安全性问题

在关于消毒副产物的规定开始执行之时，又出现了一个新的饮用水微生物安全问题：致病性原虫。致病性原虫可由动物传播给人体，在环境中可形成孢囊，对水处理工艺具有很强的抵抗能力，比如易穿透过滤层、抗氯性强，对消毒过程提出了更高的要求，与此同时对消毒副产物的控制也造成了更大的压力。事实上，我们越来越需要能对病原体实现高效物理去除的水处理工艺以保障饮用水的生物安全性，以及新型的高效消毒工艺以降低消毒副产物的生成。

进入到 21 世纪，同样的需求依然在持续，同时又出现了一些新的饮用水安全问题，比如在微生物方面幽门螺杆菌、诺沃克病毒等病原体的发现，在消毒副产物方面如含氮消毒副产物（N-二甲基亚硝胺）的出现，人工合成有机物方面如医药品、个人护理品的检出等。可以预见，随着分析检测技术的发展与人类发展历程的前进，一些新的水质问题会不断出现，水处理研究人员将会不断面临新的挑战。

1.2 饮用水净化技术的演化

20 世纪初期，绝大多数的饮用水处理技术是基于人们对感官性状的物理观察（例如将浑浊的水静置，当颗粒物沉淀之后，就可得到澄清的水），以及对水中微生物与疾病之间关系的认知而发展起来的。

在 20 世纪的前 70 年里，水处理技术的发展主要体现为对之前发明的混凝、沉淀、过滤和氯化消毒工艺的不断改良。在那个时期，常规水处理工艺取得了长足的进展，例如，混凝剂种类显著增多，对絮凝过程原理和工艺设计的认识更加深刻，沉淀池、滤池的设计运行更加优化，对加氯消毒和残余氯的控制水平也有明显提高。这些技术得到了广泛的推广应用，事实上，绝大多数的地表水供水系统都是采用这样的常规水处理技术体系。

到了 20 世纪的后 30 年，饮用水处理领域出现了三个新的情况，需要从新的角度加以审视，其中两个是关于水质方面的新发现，另一个是一项新技术的发展，该技术可使水处理的效能产生巨大的变化。第一是发现用于对水进行消毒的氧化剂，尤其是氯，可与天然有机物反应生成消毒副产物，其中一些副产物具有"三致"效应。第二是发现了新型的病原微生物——贾第鞭毛虫和隐孢子虫（简称"两虫"）。"两虫"可由动物传播给人类，具有动物源性质，因此即便是在完全没有受到生活污水污染的天然水中也可出现。第三是出现了适用于饮用水处理的膜分离技术，膜技术可通过尺度排阻效应将病原体完全截留，进而显著提高饮用水的生物安全性。而此时的膜技术尚处于起步阶段，仍需进一步的发展以适应其在水处理领域规模化推广应用的经济、技术等方面的要求。

膜分离技术最早于 20 世纪初期就得以研发。在 20 世纪 50 年代后期，膜技术开始在实验室中应用，其中最著名的一项应用就是对大肠菌检测方法的改进，建立了滤膜法对水中的大肠菌群进行测定。到了 20 世纪 60 年代中期，膜技术已广泛用于饮料的生产，以替代传统的加热杀菌处理方法。但是，此时所有的膜技术应用当中，均将膜当作一种一次性的消耗品。因此，在当时并不适宜于用膜来进行大规模的饮用水处理。直到 20 世纪 80 年代中期，澳大利亚和法国的研究人员才提出了可在每次用完之后对膜进行反冲洗的思想，这样，就可以将膜连续多次使用，而不必每次都更换新膜。这种思想的提出使得膜技术得到了空前的发展，相应的膜产品也在 20 世纪 90 年代得到了商业化，截至 20 世纪末，世界上已经形成了为数众多的膜产品生产厂家，采用膜分离技术的市政供水厂总处理能力也达到了 30 万 m^3/d。膜分离技术被认为是自 1900 年以来饮用水处理领域最重要的一项进步，其能够通过尺度排阻作用完全地、连续地截留水中的微生物，保障饮用水的生物安全性。

1.3　膜分离技术的发展史

第一个关于膜现象的研究记载是法国物理学家 Abbe Nollet 于 1748 年所做的。他将装满酒精的容器用动物膀胱封住，然后浸于水中，由于膀胱薄膜对水的渗透性大于对酒精的渗透性，水会穿透膀胱进入容器中。一段时间之后，膀胱薄膜就会胀起，有时甚至会爆炸。这是历史上第一次证明了膜半透行为的存在。19 世纪 20 年代，Dutrechet 提出了"渗透"（Osmosis）这一概念，来描述液体穿过可渗透性屏障的自发性流动。1855 年，Fick 由硝酸纤维素首次制得了人工合成膜，并提出了 Fick 扩散定律。1861 年，Graham 首次报道了采用人工合成膜开展的透析实验，他随后在 1866 年证明橡胶膜对于不同的气体具有不同的渗透性。接下来，德国植物学家 Pfeffer 采用 Traube 的方法制取了人造膜，针对渗透现象开展了更为精密的研究，对 1887 年范特霍夫渗透压定律的提出起到了重要的作用。

1906 年，Bechold 提出了"超过滤"的概念，他发明了不同孔径的火棉胶（即硝化纤维素）膜的可控制备方法，按现代膜科学的观点，这类火棉胶膜的孔径属于"微滤"范畴（直到 20 世纪 60 年，Mechaels 才开始了现代超滤膜技术的研究）。在当时，这类微孔滤膜可用作细小颗粒或大分子的过滤器。Zsigmondy 等人对 Bechhold 的制膜技术进行了改进，于 1910 年前后开发了具有非对称结构的微孔滤膜，进料液侧为精细微孔活性层，渗透液侧为开放性支撑结构；并于 1918 年首先提出了规模化生产硝化纤维素微孔过滤膜的方法，于 1927 年由德国哥丁根大学的 Sartorius 公司商业化。在 1945 年之前，微孔滤膜的用途主要是去除液体中或气体中的微生物、颗粒物等，或用于评估颗粒物、大分子物质的尺度和形状，或用于扩散研究。

到了 20 世纪 50 年代，微孔膜滤技术在工业领域率先开始了规模化应用，一个典型的例子就是对液体医药品和静脉注射剂进行消毒。膜滤技术在食品加工行业也得到了较好的应用，可对果汁、牛奶、植物油、酒精饮料等进行澄清、浓缩、纯化、消毒等。与此同时，膜滤技术也开始在其他的一些工业过程或废物回收、处理当中得以应用。

针对反渗透（RO），研究人员早在20世纪20年代就开展过相关研究，但在当时并未引起人们的注意。关于采用半透膜对海水进行脱盐处理以制备饮用水的可行性，其系统化研究最早是在美国的加利福尼亚大学（1949年）和佛罗里达大学（1955年）开展的，由美国内政部资助。20世纪50年代中期，两校科研人员成功地从海水中制取了饮用水，但当时膜的通量太低以至于难以实现商业化。接下来，研究人员致力于降低膜的厚度，加利福尼亚大学的Loeb和Sourirajan于1959年采用醋酸纤维素成功制备了第一张非对称结构的反渗透膜（L-S膜）。这被认为是反渗透领域一项重要的突破，自此，基于反渗透的海水淡化技术成功走向商业化。20世纪60年代中期，Haven和Guy开发出了管式反渗透膜；20世纪60年代后期，Westmoreland和Bray发明了卷式反渗透膜，具有比管式膜更高的效率。与此同时，陶氏和杜邦公司的研究人员也在积极研发新型的反渗透膜材料和膜构型。陶氏的Mahon等人开发出了三醋酸纤维素材料的中空纤维型反渗透膜，虽然技术上获得了成功，但经济上却不具有竞争力。杜邦公司的Hoehn和Milford于20世纪60年代后期开发出了聚酰胺材料的中空纤维反渗透膜，这种膜可与L-S的醋酸纤维素卷式反渗透膜在市场上一争高下。具有表面活性层的中空纤维反渗透膜的出现，为日后中空纤维型超滤膜和微滤膜的开发奠定了良好的基础。膜技术发展史上的一些里程碑事件如表1-2所示。

膜技术发展史中的里程碑事件

表1-2

时间	人物	事件
1748 年	Abbe Nollet	水能自发地穿过猪膀胱进入酒精溶液,发生渗透现象
1827 年	R. J. H. Dutrechet	提出了"渗透"(Osmosis)的概念
1855 年	Fick	由硝酸纤维素首次制得人工合成膜,并提出了 Fick 扩散定律
1861~1866 年	Graham	首次采用人工合成膜开展了透析(Dialysis)实验,随后发现橡胶膜对于不同气体具有不同的渗透性
1860~1887 年	Van't Hoff, William Preffer, Moritz Tranbe	德国植物学家 Pfeffer 采用 Traube 的方法制取了人造膜,证明渗透压取决于溶液浓度,并随温度升高而增大。这为 1887 年范特霍夫提出渗透压定律奠定了基础
1906 年	Bechold	提出了"超过滤"的概念,他发明了可控孔径火胶棉膜的制备方法,按现代膜科学的观点属于"微滤"范畴
1907~1918 年	Zsigmondy	1910 年开发的微孔滤膜已具有非对称结构,进料液侧为精细微孔活性层,渗透液侧为开放性支撑结构;1918 年首先提出规模化生产硝化纤维素微孔过滤膜的方法,于 1927 年由德国哥丁根大学的 Sartorius 公司商业化
1911 年	Donnan	Donnan 效应:对于渗析平衡体系,若半透膜一侧的不能透过膜的大分子或胶体粒子带电,则体系中能够自由透过膜的小离子在膜两侧的浓度不再相等,产生附加的渗透压
1917 年	Kober	提出"渗透汽化"(Pervaporation)的概念:提高膜上游蒸汽分压,降低膜下游的蒸汽分压,利用膜的选择性及在膜中渗透速率的不同而进行分离
1920 年	Mangold, Michaels, Mobain 等	用赛璐玢和硝化纤维素膜观察了电解质和非电解质的反渗透现象

续表

时间	人物	事件
1930 年	Teorell, Meyer, Sievers	进行了膜电势的研究,是电渗析和膜电极的基础
1944 年	Kolff	初次成功使用了人工肾,进行血液透析
1950 年	Juda, Mcrae	研制成功了具有实用价值的离子交换膜,进而发明了电渗析技术,之后不久电渗析在苦咸水脱盐领域得到了商业化应用
1949 年、1955 年	美国内政部	资助加利福尼亚大学和佛罗里达大学,开展反渗透研究,但当时膜通量太低难以实现商业化
1959 年	Loeb, Sourirajan	采用醋酸纤维素成功制备了第一张非对称结构的反渗透膜(L-S 膜),这是反渗透领域一项重要的突破;自此,基于反渗透的海水淡化技术成功走向商业化
20 世纪 60 年代中期	Haven, Guy	开发出了管式反渗透膜
20 世纪 60 年代后期	Westmoreland, Bray	发明了卷式反渗透膜,具有比管式膜更高的效率
20 世纪 60 年代后期	Mahon, Hoehn, Milford	开发了中空纤维型反渗透膜,可与 L-S 的醋酸纤维素卷式反渗透膜在市场上一争高下;中空纤维反渗透膜的出现,为日后中空纤维型超滤膜和微滤膜的开发奠定了良好的基础
1968 年	黎念之(Norman N. Li)	发明了液膜
1972 年	Cadotte,Rozalle	采用界面聚合法制出了薄膜复合膜

将微孔膜滤技术(超滤和微滤)应用于饮用水处理的构想最早产生于 20 世纪 80 年代,彼时供水公司和监管机构对饮用水的微生物安全性越来越关心;而当时微孔膜滤技术在设计和运行上也取得了一系列重要的进展,比如引入了死端过滤模式、开发了由外而内的中空纤维膜组件形式、引入了膜的反冲洗系统,这些进步使得采用膜滤技术对饮用水进行处理在经济上已经具备了现实可行性。此时,首先是一些小规模的供水系统开始考虑应用微孔膜滤技术,因为在当时的美国,快速颗粒介质过滤设备价格昂贵、操作运行复杂,一些小的社区难以负担。而膜滤技术则由于自动化程度较高、操作相对简单而表现出更强的吸引力。美国第一家用于饮用水生产的膜滤水厂于 1987 年在科罗拉多州的一家高级度假村建成,处理规模为 225m³/d。同期,欧洲的微孔膜滤技术也取得了快速发展,法国于 1988 年建成了一座规模为 250m³/d 的超滤水厂。

1989 年,美国 EPA 颁布了"地表水处理规程",要求以地表水作为水源的供水系统必须进行过滤和杀菌处理,同时对杀菌过程中产生的消毒副产物也进行了严格的限制。因此,管理部门致力于降低饮用水中的微生物含量和浊度水平,而膜过滤可以取得比传统的颗粒介质过滤更好的处理效果,这成为人们关注膜技术的另一重要因素。但是,在当时的一段时间里,膜技术的应用只得到缓慢增长,到 1993 年全美仅有 8 家膜处理水厂,而且都是小规模水厂。

1993 年是水处理历史上的一个分水岭。该年 4 月美国威斯康星州密尔沃基市爆发了隐孢子虫病,导致 40 余万人生病,并有 50 例死亡。这场大规模流行病的暴发最终归结为公共供水系统，证实是由于隐孢子虫卵囊穿透包括快滤池在内的常规饮用水处理工艺所导致的。而检测报告显示处理后的饮用水水质是符合卫生标准的（当时执行的是 1989 年之前的标准，1989 年颁布的"地表水处理规程"到 1993 年 6 月 29 日才开始正式实施）。于是，颗粒介质过滤的缺陷开始显露，人们对公共供水系统的信心也开始产生动摇。

1993 年之后，人们对微孔膜滤技术（超滤和微滤）的兴趣主要聚焦于它的超级过滤能力。人们普遍认为假如采用了膜技术，类似于密尔沃基市的公众事件就可以避免，因为膜对微生物的去除几乎不受原水水质、预处理工艺，以及操作人员经验的影响。自此以后，微孔膜滤技术在自来水厂的应用呈现出快速上升的态势，此后的很多年都保持着 50%～100% 的增长速率。与此同时，随着膜制造技术的不断成熟，以及更多的生产厂商参与到膜市场当中，膜材料的价格也大幅度降低。20 世纪 90 年代后半期，美国建成了超过 100 座膜滤水厂，其处理规模也逐年增加。加利福尼亚州的圣何塞自来水公司于 1994 年建成的膜水厂规模为 1.9 万 m^3/d，威斯康星州的基诺沙于 1998 年建成的膜水厂规模为 5.3 万 m^3/d，而威斯康星州的阿普尔顿于 2001 年建成的膜水厂规模达到了 10.6 万 m^3/d。与此同时，膜技术在其他国家也经历了类似的快速发展，截至 2006 年，全球的膜水厂总处理能力已经超过了 800 万 m^3/d。

1.4　超滤——第三代城市饮用水净化工艺的核心

1. 第三代饮用水净化工艺提出的背景

社会需求是科技发展的强大动力，城市饮用水净化工艺就是在相应的社会背景下发展起来的。

20 世纪以前，城市居民饮用水卫生安全性得不到保障，致使水介烈性细菌性传染病（如霍乱、痢疾、伤寒等）流行，对人们生命健康危害极大。在这个背景下，20 世纪初，研发出了混凝—沉淀—过滤—氯消毒净水工艺，即常规处理工艺，可称为第一代饮用水净化工艺。第一代工艺使水介烈性细菌性传染病的流行得到有效控制，为人类社会的发展作出了重大贡献。美国工程院、科学院以及 27 个学会对 20 世纪为人类社会作出突出贡献的工程技术进行评选，在被推荐的 105 项工程技术中，城市集中供水及水质净化技术列为第四（第一为电气化，第二为汽车，第三为航空）。

20 世纪中叶，发生水介病毒性传染病（如肝炎、小儿脊椎灰质炎等）的流行。研究表明，病毒常附着于颗粒物之上，水中的病毒浓度与水的浊度有关，只要将水中颗粒物尽量地去除、将水的浊度降至 0.5NTU 以下，再经氯消毒，就可以控制病毒性传染病的流行。自此，水的浊度已不再是一个感官性指标，而是与水的微生物安全性密切相关的重要指标。从而对第一代工艺提出了"深度除浊"的要求，推动了第一代工艺的发展。

20 世纪 70 年代，随着工业发展和水环境污染的加剧，在城市饮用水中发现了种类众多的对人体有毒害的微量有机污染物和氯化消毒副产物，而第一代工艺不能对其有效去除和控制，即无法保障饮用水的化学安全性。在这个背景下研发出第二代城市饮用水净化工艺，即在第一代工艺后面增加臭氧—活性炭深度处理工艺。第二代工艺能比较有效地去除和控制水中的有机污染物和氯化消毒副产物，使水的化学安全性得到提高。

20 世纪末，随着水环境污染的加剧，以及水质检测技术的发展，又出现了许多新的生物安全性问题，如贾第鞭毛虫和隐孢子虫（"两虫"）问题，藻类问题，剑水蚤、红虫等有害水生生物问题，水的生物稳定性问题等。

贾第鞭毛虫在自然界分布很广，包括两栖动物、鸟类、哺乳动物在内的数十种动物体内都发现了贾第鞭毛虫的存在。环境水体中存在的是贾第鞭毛虫孢囊，为卵形，长 $8\sim$ $12\mu m$，宽 $7\sim10\mu m$。隐孢子虫是寄生于哺乳动物、鸟类和鱼类胃肠道和呼吸道内的球虫，分布于世界各地，隐孢子虫的感染是由于摄入其卵囊所致。隐孢子虫卵囊为球形，尺寸为 $4\sim6\mu m$。贾第鞭毛虫和隐孢子虫具有很强的抗氯性，一旦穿过滤池进入饮用水中，便可使人致病。第一代工艺和第二代工艺都难以完全防止"两虫"进入饮用水中，所以成为水业界高度关注的饮用水安全性问题。

由于水环境污染加剧，导致湖、库水体富营养化，藻类大量滋生，藻浓度可达上千万，甚至上亿个/升。这样高的藻含量，常会堵塞滤池，对水处理工程运行造成困难。第一代和第二代工艺难以将水中藻类彻底去除，即使除藻率达到 99%，也有数十万甚至上百万个/升的藻类穿过滤层进入饮用水，进而生成氯化消毒副产物、臭味物质，并成为细菌再繁殖的营养物质。有的藻类（如蓝绿藻等）能生成藻毒素，有的能产生嗅味物质，使水的安全性和品质下降。藻类问题已成为城市水厂普遍关注的难题。

剑水蚤是一种小型甲壳类动物，体长为 $1\sim2mm$，以藻类为食，活动能力很强，能穿透滤层，并且具有很强的抗氯性，一般氯消毒难以将其杀死，故能进入饮用水中。剑水蚤是能寄生在人体的麦地那龙线虫的宿主。在湖、库水体中，由于水体富营养化而导致藻类大量繁殖，为剑水蚤提供了充足的食物，而水体中以剑水蚤为食的鱼类又因捕捞过度等原因大量减少，导致剑水蚤大量繁殖，成为有待解决的另一个问题。红虫即摇蚊幼虫，有极强的抗氯性，甚至可在清水池中繁殖，它随水进入输配管道，一旦由水龙头中放出，会使人对饮水产生厌恶感。

近年来发现，城市水厂出厂水在输配过程有微生物增殖现象，被认为是生物不稳定的水。在增殖的微生物中，部分是条件致病菌，如军团菌、气单胞菌，以及绿脓杆菌、分枝杆菌等，从而使水的生物稳定性成为一个重大的饮用水微生物安全性问题。

为此，包括我国在内的世界各国都对饮用水制定了更严格的水质卫生标准，我国于2012 年 7 月 1 日开始执行的饮用水水质标准指标数量由 35 项增加至 106 项，已达到与国际接轨的水平。第二代工艺对上述的水质问题，只能取得一定处理效果，对"两虫"、水蚤、藻类都不能百分之百地去除。此外，研究证明臭氧氧化能生成对人体有毒害作用的副产物如溴酸盐、甲醛等，这使臭氧的广泛使用受到了一定的质疑。

此外，近年来又发现第二代工艺中颗粒活性炭滤池出水中的细菌含量增多，细菌的抗氯性增强，并且出水中含有的细微炭粒可对细菌起到保护作用。此外，剑水蚤和红虫还能在活性炭滤层内扩大繁殖，使其在出水中增多。所以第二代工艺使水的化学安全性得到提高，但同时却降低了水的微生物安全性，这就使得第二代工艺的合理性和优越性不再被充分认可。

综上所述，20 世纪末新出现的城市饮用水重大微生物安全问题，第一代和第二代工艺均已无法有效地解决。在这个背景下，有待研发出更安全更有效的第三代城市饮用水净化工艺。

2. 第三代城市饮用水净化工艺的特点和组成

第三代城市饮用水净化工艺，不仅应具有高效、经济的特点，还应体现绿色工艺的理念。绿色净水工艺要求在提高效率或优化效果的同时，能够提高资源和能源的利用率，减轻污染负荷，改善环境质量。

绿色净水工艺应具有下列特点：

（1）绿色净水工艺所使用的原材料，如净水药剂或膜本身是无毒无害的，制造他们的原料是无毒无害的，并且在制造过程中不产生有毒有害污染物；

（2）绿色净水工艺在使用过程中要降低能耗，提高资源和能源的利用率；

（3）绿色净化工艺在使用后，不产生有毒有害的副产物，不会对饮用者的健康造成影响；

（4）绿色净水工艺的产物，如沉淀池污泥等，易于处置，不会增加外环境的污染负荷。

膜材料的发展是 21 世纪现代材料科学的重要成果。纳滤、超滤和微滤都可用于城市饮用水处理。水中致病生物的尺度为：病毒 20 纳米至数百纳米，细菌数百纳米至数微米，原生动物数微米至数十微米。纳滤膜不仅能去除微生物，还能去除有机物和部分无机物，但国内尚不能大量生产，需进口，价格高，能耗也高。微滤膜孔径为 $100 \sim 200nm$，不足以完全截留细菌和病毒。而孔径在 20nm 以下的超滤膜能将细菌、病毒、"两虫"、藻类、水生生物几乎全部去除，使得新出现的以"两虫"为代表的重大生物安全性问题基本得到解决，并使得饮用水生物安全性由相对安全向绝对安全做了一次飞跃，这是在城市饮用水生物致病风险控制领域的一个重大突破。

超滤是目前保障饮用水微生物安全性最有效的技术，过去由于价格高，故多被用于小型水处理装置中。近年来，随着膜制造技术的快速发展与国产化，膜的性能不断提高，价格也逐渐降低，已达到可以与第一代工艺和第二代工艺相竞争的价位。因此，尽管我国将超滤膜用于城市饮用水处理的实践起步较晚，但超滤膜水厂的数量和规模均呈现快速增长的态势。到 2013 年底，规模超过 $100m^3/d$ 的水厂超过 300 座，总体规模超过 200 万 m^3/d，其中超过 1 万 m^3/d 的超滤水厂已超过 30 座。

3. 以超滤为核心的组合工艺

超滤能去除颗粒物和微生物，但对溶解性物质（中小分子有机物、无机物、NH_4^+-N 等）去除效果较差，需增设膜前处理和膜后处理单元，构成组合工艺，即以超滤为核心的第三代饮用水净化工艺（图 1-1）。

原水───→膜前处理单元───→超滤处理单元───→膜后处理单元───→优质饮用水

图 1-1　第三代饮用水净化工艺

针对原水中不同污染物，膜前可选择性地采用混凝、吸附、化学氧化、生物处理等不同处理方法。常规的强化混凝可提高天然有机物的去除率，但对于微量有机污染物的去除效果很低；而化学预氧化常能显著提高微量有机物的去除率，此外还能进一步强化混凝，提高天然有机物以及浊度的去除率。在超滤膜前设置活性炭，如采用颗粒活性炭，可以发挥物理吸附和生物降解的协同作用。若采用粉末活性炭（PAC），炭浓度可提高至数千毫克/升，当于反应器前向水中投加数毫克/升的 PAC 时，活性炭将在反应器中停留很长的时间，不仅能充分发挥其吸附容量，并且在炭表面还能生长生物膜，进一步发挥对有机物的生物降解作用，从而构成高效的超滤膜——生物粉末活性炭反应器。

超滤膜一般能将包括水蚤、藻类、原生动物、细菌甚至病毒在内的微生物几乎全部去除，出水已能达到生活饮用水卫生标准的要求，所以原则上无须再对膜后水进行消毒处理。但我国规定出厂水需含少量消毒剂以防止二次污染的发生，因此，对于超滤出水，仅需投加少量具有持续消毒能力的消毒剂即可，从而形成一种新的城市饮用水生物致病风险控制模式：超滤＋低剂量药剂消毒。由于向水中投加的消毒剂显著减少，这样就使得氯化消毒副产物生成量大大减少，使得饮用水的化学安全性得到提高，从而使困扰业界的氯化消毒副产物问题得到初步解决。

可以认为，城市水厂的膜时代已经到来，以超滤为核心技术的组合工艺，将成为第三代城市饮用水净化工艺的主要特征，它将是饮用水净化工艺的一个重要发展方向。

第 2 章　实际水体中主要超滤膜污染物质的识别

在过去十余年中，随着膜材料的不断完善和膜价格的降低，超滤工艺已经逐渐发展成一项成熟的饮用水处理工艺，并受到广大水处理工作者的认可。同时，针对将超滤技术在污水处理厂二级出水深度处理中应用，研究人员也开展了广泛的研究，以解决全球性的水资源短缺问题。但是，无论是在饮用水处理过程还是在污水处理厂二级出水回用过程，超滤膜污染问题都是限制该技术进一步推广应用的瓶颈问题。

膜污染主要可分为水力可逆污染和水力不可逆污染两大类。可逆膜污染主要是由于松散污染物附着于膜表面造成的，可通过水力反冲洗清除，但将会降低超滤膜的生产效率、增大运行能耗和运行成本。不可逆膜污染主要是由于污染物紧密结合于膜表面造成的，只能通过化学清洗去除，不仅会增加超滤膜运行的复杂度，频繁的化学清洗还会缩减膜的使用寿命。为减缓超滤膜的污染，研究人员从膜材料改性、膜过程优化、膜前预处理等角度开展了大量的研究工作。

然而，为了更有针对性地开发适宜的超滤膜污染控制策略，首先必须确定水中的主要膜污染物质。长期以来，地表水中的天然有机物（NOM）和污水处理厂二级出流有机物（EfOM）被看作是超滤过程中主要的膜污染物质。在 NOM/EfOM 中，腐殖酸（HA）被认为是最重要的膜污染物组分，这可能是因为 HA 在 NOM/EfOM 中占据了主要的组成部分。随着新型水质检测技术的发展，目前已可以根据 NOM/EfOM 组分的物理、化学性质，对其进行更加高效、快捷的分离，并对各个组分进行精细化分析。在众多的先进检测技术中，液相/分子排阻色谱分离—在线有机碳检测联机技术（LC-OCD）和三维荧光激发发射光谱（EEM）技术在超滤膜污染物组分的分析与鉴定中表现出突出的优势。

LC-OCD 可根据水中有机物的分子尺度和官能团性质，将 NOM/EfOM 分离成以下几个特定组分：①生物源高分子（biopolymer）；②HA；③HA 裂解产物；④低分子有机酸和中性物。最近，三维荧光激发发射光谱（EEM）也已成为另一种精确区分 NOM 中不同组分的现代检测技术。由于 HA、富里酸和蛋白质类物质在紫外和可见光范围内具有独特的荧光响应特性，NOM 中的这些组分可通过 EEM 进行有效区分。同时，还开发了主成分分析和平行因子分析（PARAFAC）方法，以确定每种组分的相对浓度。

本章分别采用 LC-OCD 和 EEM-PARAFAC 技术，对江河水、湖库水、污水处理厂二级出水等典型水体进行研究，识别不同水源中具有普适性意义的主要膜污染物组分，以期为膜污染的机理解析和膜污染的高效控制提供基础。

2.1　水中不同分子尺度有机物组分与超滤膜污染的相关性分析

2.1.1　研究过程与分析方法

1. 实验用原水

研究中，实验用水分别取自湖库水、江河水和污水处理厂二级出水，这三种水源代表了一个城市的三种典型水源。针对以上三种水源，在 1 年的研究周期当中，每月分别取样，进行了超滤膜污染实验和相应的水质分析。

2. 超滤装置

超滤实验在一个以间歇式超滤杯（Amicon 8200，Millipore，USA）为核心的实验装置上进行，如图 2-1 所示。该超滤杯有效容积为 200mL，与一个密闭的 4L 不锈钢水箱相连接。为了避免在不锈钢贮水箱中可能出现的颗粒沉积，用磁力搅拌器以 100r/min 的速度连续搅拌贮水箱中的进水。每一超滤实验的过滤体积均为 500mL，超滤以死端模式进行，跨膜压差维持在 100kPa，该压力由与密闭水箱相连接的氮气瓶提供。累积渗透体积经由数据采集系统自动记录于计算机之上，用以获得实时的超滤膜通量值。

每一超滤实验均采用一片新的聚醚砜超滤膜（NADIR@，UP150P，Germany）。膜的有效过滤面积为 27.8cm²，截留分子量（MWCO）为 150kDa，相应的孔径约为 26nm。在使用之前，所有的超滤膜片均在超纯水中浸泡一晚，之后在 100kPa 压力下至少过滤 2L 超纯水以清除膜上的有机残留物。

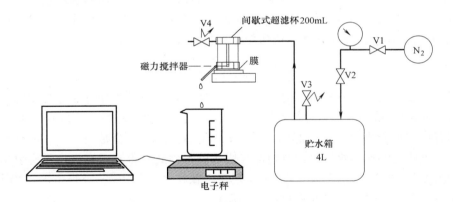

图 2-1　小试超滤实验装置

3. 超滤膜污染阻力分析

超滤过程中的总过滤阻力（R_t）包括膜本身固有阻力（R_m）和由膜污染物引起的总膜污染阻力（R_f），总污染阻力（R_f）又可分为可逆污染阻力（R_{rev}）和不可逆污染阻力（R_{irr}）。即超滤膜的膜污染行为可以通过以下序列膜污染阻力模型进行分析：

$$R_t = R_m + R_f = R_m + R_{rev} + R_{irr} = \frac{TMP}{\eta \cdot J} \tag{2-1}$$

式中　R_t——超滤过程中的总过滤阻力，m^{-1}；

R_m——超滤膜本身的固有阻力，m^{-1}；

R_f——总污染阻力，包括可逆污染阻力 R_{rev} 和不可逆污染阻力 R_{irr}；

TMP——跨膜压，本研究中为 100kPa；

η——水的动力黏度，Pa·s；

J——超滤膜的通量，$m^3/m^2 \cdot s$。

需要指出的是，在膜的总过滤阻力中，除了膜本身固有阻力和膜污染阻力，还包括吸附阻力和浓差极化阻力。根据 Choi 等的研究，吸附阻力在总阻力当中所占比例很小。另外，由于实验中所采用有机物的浓度较低，故浓差极化阻力也应当很小。因此，本研究中，将吸附阻力、浓差极化阻力和实际膜污染阻力合并在一起，统称为膜的总污染阻力。但是，本研究中对可逆污染阻力和不可逆污染阻力进行了区别，因为从超滤膜实际运行的角度出发，膜污染的不可逆性是一个重要的问题。

各阻力的测定方法如下：

（1）在每一超滤实验的开始，都首先进行 150mL 的纯水过滤以确定超滤膜的初始通量（J_0），以此计算超滤膜本身的固有阻力 R_m，即：

$$R_m = \frac{TMP}{\eta \cdot J_0} \tag{2-2}$$

（2）然后将进水切换为实验水样，过滤 500mL 的溶液体积以确定过滤末端超滤膜的通量（J_f），以此计算超滤膜的总污染阻力 R_f，即：

$$R_f = \frac{TMP}{\eta \cdot J_f} - R_m \tag{2-3}$$

（3）之后，用 50mL 纯水对受污染超滤膜进行反冲洗，以去除积累在超滤膜上的可逆污染。接下来，再用 150mL 纯水过滤，确定此时的纯水通量 J_{irr}，以计算不可逆污染阻力 R_{irr}，该部分污染在水力反冲洗之后仍然保留在超滤膜之上，即：

$$R_{irr} = \frac{TMP}{\eta \cdot J_{irr}} - R_m \tag{2-4}$$

本实验中，针对每一水样，都进行两轮超滤实验，即原始水样直接进行超滤，水样首先经过 $0.45\mu m$ 膜预过滤之后再进行超滤。通过原始水样直接超滤，可以得到由水中颗粒性物质和有机物组分协同作用引起的"总膜污染阻力"；对于超滤经 $0.45\mu m$ 膜预过滤之后的水样，可认为颗粒性物质已由预过滤步骤去除，因此可得到由有机物质所引起的"有机膜污染阻力"。两个污染阻力的差值可认定为"颗粒污染阻力"。应当指出，"颗粒污染阻力"应当是颗粒性物质对其与有机物质协同污染阻力的贡献，而并不是指由颗粒性物质单独作用所引起的污染阻力。

4. LC-OCD 分析

研究中采用液相/分子排阻色谱分离—在线有机碳检测联机技术（LC-OCD，DOC-LABOR Dr. Huber，Germany）对不同水样的有机物组分进行表征。该 LC-OCD 配备色谱柱为 HW-55S 型（GROM Analytik＋HPLC GmbH，Germany），可根据有机化合物的分子尺度和化学特性对其进行分离，被分离的有机物组分通过在线 DOC 检测器采用非色散性红外吸收法进行测定。通过使用 FIFIKUS® 软件，可将对应于不同有机物组分如生物源高分子、HA 等的峰转换为浓度值，以有机碳表示（mg C/L）。

5. DOC 和 UV$_{254}$分析

除 LC-OCD 以外，水样的 DOC 和 UV$_{254}$也作为综合性有机物指标进行了测定。DOC 采用 High TOC Ⅱ（Elementar Analysensysteme GmbH，Germany）进行分析，而 UV$_{254}$ 采用 Perkins Elmer UV/VIS 分光广度计（Perkin-Elmer GmbH，USA）进行测定。

6. 水中颗粒性物质的分析

水样中的颗粒性物质由以下两个指标进行表征：即悬浮固体浓度（SS）与浊度。SS 根据标准称重的方法进行测定，而浊度采用 2100NIS 型浊度仪（HACH，USA）进行测定。

2.1.2 生物源高分子与超滤膜污染的相关关系

NOM/EfOM 中的生物源高分子组分主要是由多聚糖和蛋白质等大分子量有机物构成，前人某些针对个别水体的研究已经指出其在超滤膜污染当中可能起到了重要的作用。本研究中，针对不同水源不同季节下生物源高分子含量与超滤膜污染之间的关系开展了广泛而系统的研究。结果如图 2-2 所示，对于湖库水、江河水和污水处理厂二级出水等不同水源，超滤膜的有机污染阻力都与生物源高分子含量之间表现出明显的相关性，R^2 值分别达到了 0.775（$P=1.544\times10^{-4}$）、0.759（$P=2.210\times10^{-4}$）与 0.886（$P=1.227\times10^{-10}$）。考虑到本研究历时 1 年，原水水质也经历了大幅度的季节性变化，可认为有机膜污染阻力与生物源高分子含量之间的相关性是非常显著的。

此外，尽管超滤膜总污染阻力是由水中的有机物与颗粒性物质协同作用的结果，但从图 2-2 可以看出，不同水源中的生物源高分子含量与总膜污染阻力之间也表现出显著的正相关关系，尽管总膜污染阻力被认为是由水中的有机物组分和颗粒性物质的协同作用造成的。Hallé 等人在针对加拿大 Grand 河水开展的实验中也发现了类似的现象，但是在他们的研究中，首先是将水中的颗粒性物质通过粗砂预过滤和生物过滤去除之后再进行超滤处理。在本研究中，即使不对水样进行任何预处理，总膜污染阻力与生物源高分子之间的相关性依然十分显著，三种水源的 R^2 值分别达到了 0.686（$P=8.756\times10^{-4}$）、0.635（$P=0.003$）和 0.756（$P=7.193\times10^{-4}$）。

由于每种水源中的生物源高分子含量与超滤膜污染阻力之间都表现出显著的正相关性关系，那么不同水源中的生物源高分子与超滤膜污染之间是否存在普适性的规律，就成为了一个至关重要的问题。若能建立其一般性的规律，则有望实现对膜污染的准确预测，并据此提出优化的膜污染控制策略。如图 2-3 所示，当将由湖库水、江河水、污水处理厂二级出水这三种不同水源所得到的数据综合在一起时，发现生物源高分子无论是与有机污染阻力还是与总膜污染阻力之间，都呈现出更强的正相关性，R^2 值分别为 0.838（$P=4.996\times10^{-15}$）、0.782（$P=1.792\times10^{-12}$）。这意味着可以将生物源高分子含量作为一个具有普适性意义的指标，用以预测不同水源不同季节下的超滤膜污染潜势。这是本研究所取得的一个重要科学发现。

接下来，研究中试图评价生物源高分子组分在超滤不同水源过程中对不可逆膜污染的影响。但是，令人遗憾的是，分析结果显示无论是针对何种水源，都无法得到关于生物源高分子含量与不可逆膜污染之间可靠的相关关系（图 2-4）。说明就膜污染的不可逆性而言，无论是有机污染阻力的不可逆性还是总污染阻力的不可逆性，生物源高分子含量都不

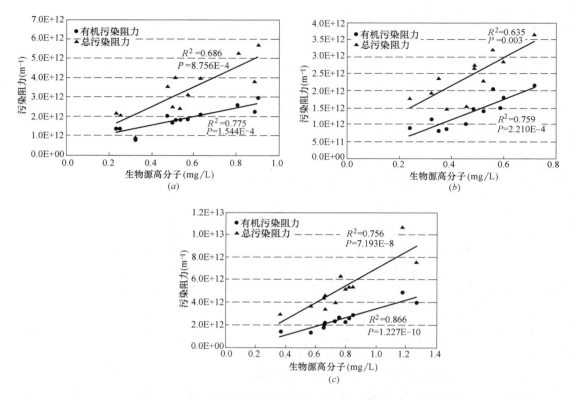

**图 2-2　生物源高分子与超滤膜污染之间的相关性（$P < 0.05$ 时表
示相关关系具有统计学意义上的显著性）**
（a）湖库水；（b）江河水；（c）污水处理厂二级出水

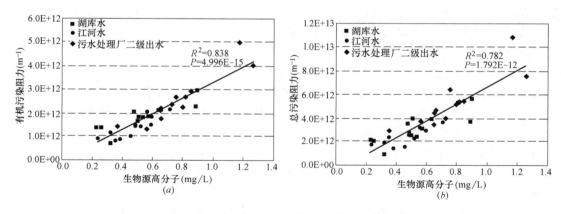

图 2-3　不同水源不同季节下生物源高分子与超滤膜污染之间的相关性
（a）有机污染阻力；（b）总膜污染阻力

是其决定性的因素。最近，Peldszus 等在针对经过粗砂预过滤和生物过滤处理后的 Grand
河水开展的超滤实验中发现，蛋白质类物质与不可逆膜污染之间存在明显的正相关关系。
蛋白质类物质是以 LC-OCD 测定的生物源高分子组分中的重要组成部分。为了确定蛋白质与不可逆膜污染之间的关系是否普遍存在于不同的水源当中，以及是否可以将水中的蛋白质类物质浓度作为预测超滤膜不可逆污染的普适性指标，还有待于进一步的系统研究。

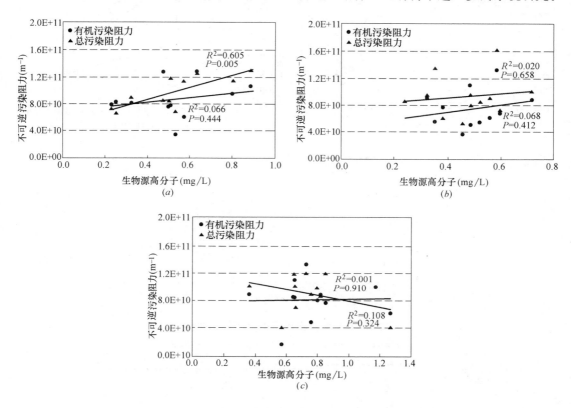

图 2-4　生物源高分子与超滤膜不可逆污染之间的相关性

(a) 湖库水；(b) 江河水；(c) 污水处理厂二级出水

2.1.3　HA 与膜污染的相关关系

很长时间以来，HA 类物质都被认为是超滤过程中的主要膜污染物质，并对 HA 的膜污染行为开展了大量的调查研究。本研究中，针对不同水源不同季节下超滤膜污染与 HA 含量之间的关系也进行了考察，以期定量评价 HA 类物质对超滤膜污染的贡献。结果如图 2-5 所示。

由图 2-5 可以看出，在针对湖库水、江河水、污水处理厂二级出水等不同水源的超滤实验中，在 HA 含量与超滤膜污染之间均未发现明显的相关关系。对于湖库水和江河水这两种地表水而言，甚至发现 HA 含量与超滤膜有机污染阻力和总污染阻力之间表现出负相关的趋势，如图 2-5 (a)、(b) 所示。对于污水处理厂二级出水而言，HA 含量与超滤膜污染之间也仅仅是表现出微弱的正相关性，如图 2-5 (c) 所示，而且存在 R^2 值过低、而 P 值过高的现象，致使该正相关性不具有任何的可靠性。此外，本研究中还发现水中 HA 含量与超滤膜不可逆污染之间也并不存在可靠的正相关关系，这与 Jermann 等采用模型物质进行研究所得到的结果恰恰相反，如图 2-6 所示。

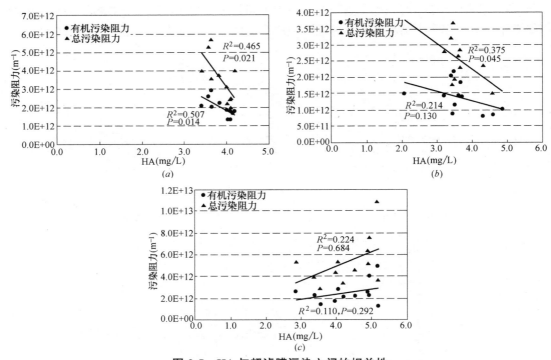

图 2-5　HA 与超滤膜污染之间的相关性

（*a*）湖库水；（*b*）江河水；（*c*）污水处理厂二级出水

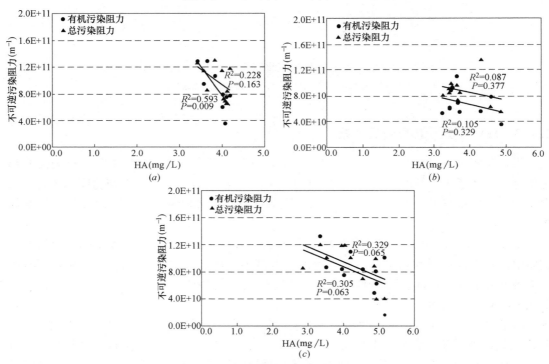

图 2-6　HA 与超滤膜不可逆污染之间的相关性

（*a*）湖库水；（*b*）江河水；（*c*）污水处理厂二级出水

截至目前，即便仍不能完全排除 HA 对超滤膜污染的贡献，至少有理由认为 HA 对超滤膜污染的作用是非常小的，这一假定可以由如下事实所印证，即超滤过程中绝大部分的 HA 类物质均可穿越超滤膜而进入到出水当中。实验中发现，大约仅有 3.8% 的 HA 截留于超滤膜上，或许该部分 HA 可以参与形成膜污染。与此同时，一些研究人员证实 HA 对于致密超滤膜或纳滤膜而言是一类主要的膜污染物质。这一结论同样正确，因为这些膜较之传统超滤膜具有更小的孔径，相应地具有更高的 HA 截留率。以上结果凸显了 NOM/EfOM 分子尺度与膜孔径的比值对主要膜污染物物种及其污染行为的重要影响。

2.1.4　颗粒性物质与膜污染的相关关系

水中的颗粒性物质已被猜测为一种潜在的膜污染物质。尽管对于超滤或纳滤膜而言，颗粒性物质本身并不会造成严重的膜污染，但是，它们会与生物源高分子、HA 等有机物相互作用，从而产生显著的协同膜污染效应。

本研究中，水中颗粒性物质通过以下两种方法进行表征：一是利用光散射法测定浊度值，二是经过滤和干燥后求其悬浮固体重量（SS）。这两种测定方法可反映水中颗粒性物质的不同特性。如图 2-7（a）所示，湖库水中的 SS/浊度与"颗粒污染阻力"之间表现出极强的相关性。由图 2-7（b）可以看出，SS/浊度与总膜污染阻力之间亦存在较好的正相关关系，总膜污染阻力可认为是由颗粒性物质与有机物共同作用的结果。这一发现证明了尽管颗粒性物质或许并不能单独造成严重的超滤膜污染，但是它们在与有机物形成联合污染层的过程中却起着重要的作用。这与 Peldszus 和 Hallé 等人的研究结果具有较好的一致性。

在超滤处理江河水时，同样发现颗粒性物质的含量无论是与微粒污染阻力还是与总污染阻力之间都存在明显的正相关关系，如图 2-7（c）、（d）所示。但是，与湖库水相比，针对江河水的相关性较弱，这可能是因为江河水中的颗粒性物质存在更大的波动性。此外，针对这两种地表水源，SS 和浊度与超滤膜污染之间也表现出不同的线性关系。就湖库水而言，浊度与膜污染之间的相关性要好于 SS，其 R^2 值也更高一些；而对于江河水来水，SS 与膜污染之间的线性关系要强于浊度。这可能是由于两种水源中颗粒性物质的含量与尺度不同所导致的。仍需要进一步的研究来阐明颗粒本身的性质对超滤膜污染的影响。

然而，与两种地表水源不同的是，对于污水处理厂二级出水，无论是 SS 还是浊度都无法建立起与超滤膜污染之间的相关关系，如图 2-7（e）、（f）所示。与地表水中的天然颗粒性物质相比，污水处理厂二级出水中的颗粒主要是由来源于生物处理工艺的细小生物絮凝和生物碎屑所组成。因此，其对超滤膜的污染势必将受到附着于颗粒之上的胞外聚合物的显著影响，而在这种情况下颗粒本身对膜污染的作用已退居次位，因此与地表水相比表现出截然不同的趋势。此外，本研究的结果与 Hatt 等人的结果也存在较大差异，他们通过中试研究发现在混凝之后，进水浊度与超滤膜可逆污染之间存在明显的正相关关系。研究结果的不一致性体现出了超滤处理污水处理厂二级出水过程中膜污染的复杂性，尤其是在有附加的处理工艺如混凝预处理的情况下，颗粒物尺度和形态的改变均有可能对超滤膜污染造成较大的影响。

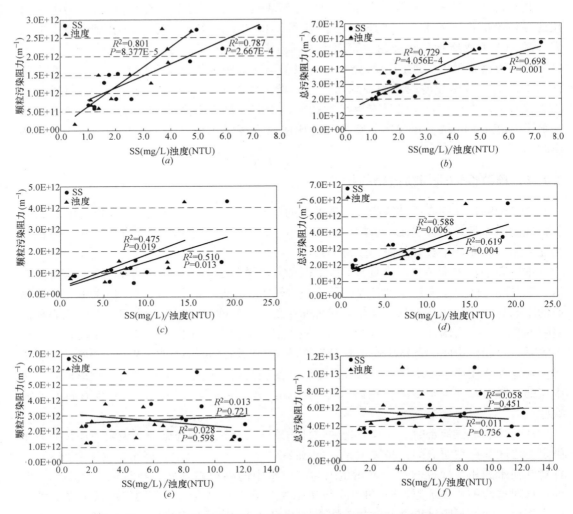

图 2-7 SS/浊度与超滤膜颗粒污染阻力和总膜污染阻力之间的相关性
（a）（b）湖库水；（c）（d）江河水；（e）（f）污水处理厂二级出水

2.1.5 关于超滤膜主要膜污染物组分的探讨

超滤技术是当前最先进的水处理技术之一，已在全世界范围内引起了广泛的关注，可用于饮用水处理、污水处理厂二级出水的深度处理与回用，以及纳滤和反渗透的预处理工艺当中。超滤技术在实际工程中的一个关键问题就是膜污染，它会导致膜渗透通量的下降、运行能耗的增加和膜使用寿命的降低。为了更深入地理解膜污染行为并开发适宜的膜污染控制策略，有必要首先确定水中到底是哪些物质在形成膜污染。因此，近年来许多研究都针对超滤过程中起主要作用的膜污染物组分进行了探究。

Lee 等人发现从 NOM 中分离得到的有机胶体可显著降低超滤膜和微滤膜的渗水通量，其有机胶体是通过渗析法获得，主要包含多聚糖和蛋白质等大分子有机物，同时也包括胶体尺度的微生物残骸，其中具有一定量的多聚糖和蛋白质。在一个采用 LC-OCD 进行有机物组分检测的进一步研究中，发现有机胶体以及多聚糖和蛋白质等大分子有机物主要落在一个被称之为"多聚糖峰"（PS）的峰段内，其分子尺度估计在 $10\sim100$nm 之间。后来，为了更为精确地描述该峰段内的物质，将 LC-OCD 色谱图上所谓的"多聚糖峰"指定为"生物源高分子峰"，Zheng 等人在对污水处理厂二级出水进行超滤处理时，发现以 LC-OCD 确定的生物源高分子含量与总膜污染阻力和不可逆污染之间存在着密切的联系。另外，Hallé 等人在对 Grand 河水进行超滤实验时指出，生物源高分子是造成超滤膜可逆污染的主要膜污染物组分。这些研究发现促使我们考虑在针对湖库水、江河水、污水处理厂二级出水的超滤过程中，无论季节和水温如何，是否生物源高分子含量与超滤膜可逆/不可逆污染之间都普遍存在着一定的相关性。与此同时，值得一提的是，Henderson 和 Filloux 在针对污水处理厂二级出水的超滤过程中，发现超滤膜的总膜污染阻力与水中的蛋白质类物质呈现出高度的正相关关系。当考虑到蛋白质类物质尤其是大分子蛋白质是污水处理厂二级出水中生物源高分子组分的重要组成部分，也可以认为他们的研究结论是正确的。而 Peldszus 等人在针对 Grand 河水的超滤研究中，发现蛋白质类物质的含量与超滤膜的不可逆污染密切相关，但是与可逆性污染和总膜污染之间却不存在可靠的相关性关系。基于以上研究结论的不一致性，进一步系统研究生物源高分子在超滤膜污染中的作用已显得非常必要，以确定在针对不同水源进行超滤时，到底是哪些物质在形成超滤膜的可逆污染和不可逆污染。

本研究中，所用水样分别取自湖库水、江河水和污水处理厂二级出水等不同的典型水源，针对每种水源都在不同季节下进行取样（在 1 年的研究周期内每个月份都进行取样），以使研究无论是在空间上还是在时间上都具有更高的广泛性和普遍性。研究中我们在生物源高分子与超滤膜总膜污染阻力之间建立了一个非常明显的正相关关系，其中经过 0.45μm 膜预过滤的水样 R^2 值达到了 0.838，未预过滤处理的原始水样 R^2 值也高达 0.782。考虑到这些水样是分别取自于不同季节和不同水源，原水水质存在很大的季节和地域变化，可以认为所得到的这些相关性值是令人印象深刻的，并且具有统计学意义上的显著性。依据本研究的结论，不管是考虑经预过滤处理的水样（仅存在有机物）还是考虑未经预过滤处理的原始水样（同时存在有机物与颗粒性物质），都可以将生物源高分子作为是超滤膜总膜污染阻力的决定性因素，并据此对不同水源不同季节下的超滤膜污染潜势进行较为合理的预测。这是本研究所取得的一个重要研究结论。但是，研究中我们并未发现生物源高分子与不可逆膜污染之间的直接联系。这与 Hallé 等人的研究结果是一致的——生物源高分子的理化特性比其含量对于不可逆膜污染的影响更大。所以，根据本研究的结论，再结合其他研究人员的成果，我们似乎可以作出以下假设：即生物源高分子的含量决定超滤膜的总膜污染阻力，而生物源高分子当中的蛋白质类组分决定膜污染的不可逆性。但是对于后一假设仍需要进一步的研究进行验证。

对于生物源高分子的检测，目前还只能依靠 LC-OCD 技术进行，但是该技术由于价格昂贵，在很多超滤膜实际工程中采用该技术进行生物源高分子的检测并不可行。因此我们尝试寻找一种替代性的膜污染预测参数。在水质分析时通常将 DOC 和 UV_{254} 作为有机物参数，其与生物源高分子相比更容易测定，具有更高的普及性。但是，研究中我们发现在超滤不同水样时，无论是针对有机膜污染阻力还是总膜污染阻力，DOC 和 UV_{254} 都无法与之建立起明显的相关关系（图 2-8、图 2-9）。这一结果是可以接受的，因为在这三种

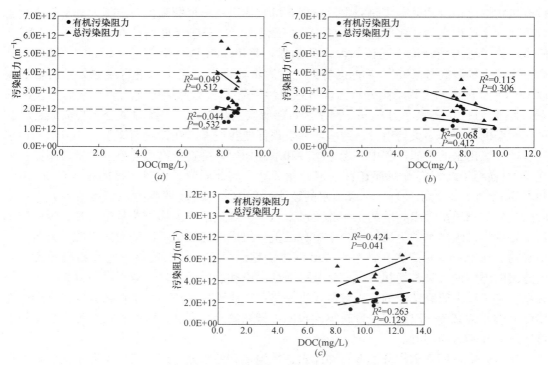

图 2-8　DOC 与超滤膜污染之间的相关性

（a）湖库水；（b）江河水；（c）污水处理厂二级出水

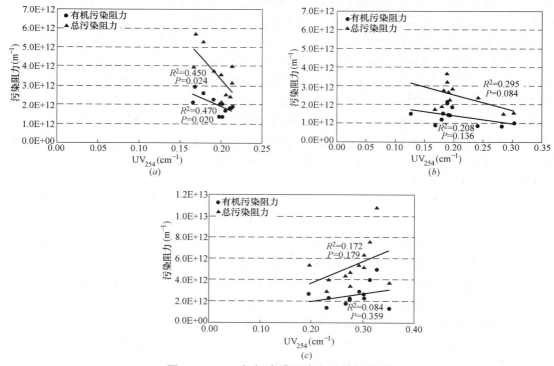

图 2-9　UV$_{254}$与超滤膜污染之间的相关性

（a）湖库水；（b）江河水；（c）污水处理厂二级出水

水源中，超过 50％的有机物是由 HA 构成的；DOC 和 UV_{254} 值与 HA 的浓度密切相关（图 2-10（a）、（b））；然而，其与生物源高分子之间的联系却极其微弱（图 2-10（c）、（d））。这意味着综合性有机物指标 DOC 和 UV_{254} 并不能用于对超滤膜污染进行有效的预测。因此，仍有必要进行进一步的研究，以找到一种能够简单、快速测定生物源高分子含量及其化学组成的方法。

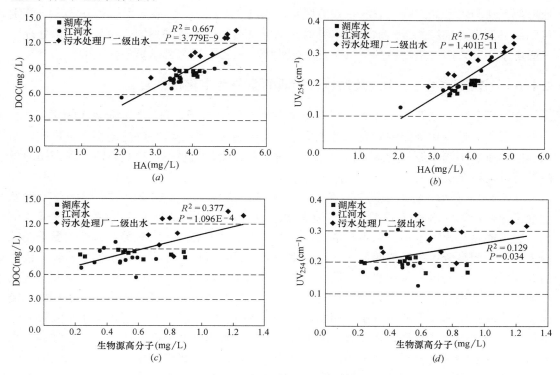

图 2-10　不同水源中 DOC/UV_{254} 与 HA/生物源高分子的相关关系

在有关膜污染物的分析中，许多研究也指出 HA 类物质可能是超滤膜的潜在膜污染物质。在最近的一项针对 Grand 河水的超滤研究中，Peiris 等人报道了 HA 在超滤膜上的积累与膜通量下降之间存在很强的正相关关系。然而，在本研究长达 1 年的数据统计中，我们很难找到关于 HA 浓度与超滤膜污染之间存在关联性的证据。对于湖库水和江河水来说，HA 浓度与超滤膜污染之间甚至呈现出负相关性。这与 Filloux 的报道相一致，他发现比 UV 吸收值（SUVA，即 UV_{254} 与 DOC 的比值，一个反映有机物中 HA 含量的参数）与超滤膜污染之间存在负相关关系，这一结果从反面证明了非腐殖质类物质在决定超滤膜污染潜势中的重要作用。

作为天然水体和污水处理厂二级出水中普遍存在的物质——胶体和颗粒，其对超滤膜污染的影响近年来也受到人们的关注。通过使用三维荧光激发-发射光谱（EEM）技术，研究人员已经确定胶体和颗粒是一类相关的膜污染物质。Hatt 等人在对污水处理厂二级出水进行超滤处理时，甚至发现浊度与可逆膜污染之间存在显著的相关性，其对应的 R^2 值高达 0.87。在本研究中，采用了 SS 和浊度两个参数对水中的颗粒性物质进行表征，两者可从不同角度反映出水中颗粒物质的特性。对于湖库水和江河水这两种地表水源，无论是 SS 还是浊度都与超滤膜污染之间表现出较强的正相关关系。尽管颗粒性物质并不能单独导致严重的膜污染，但是当它们与有机物共存时则可通过形成联合污染层而产生协同污染效应，进而显著增大膜过滤阻力。通常来讲，颗粒性物质较之有机物组分（如生物源高分子等）更容易从水中去除，因此，为了更好地控制膜污染，可优先考虑去除水中的颗粒性物质。另外，在本研究中，针对污水处理厂二级出水进行超滤处理时，无论是 SS 还是浊度都无法与膜污染之间建立起有效的联系，这与 Hatt 的研究结果大相径庭。这一差别可归结于污水处理厂二级出水水质本身的差别以及预处理工艺的不同，说明就污水处理厂二级出水而言，膜污染物质的分析及其在超滤膜上的污染行为都是更为复杂的。

2.1.6　生物源高分子、HA 及颗粒性物质的季节性变化特征

在为期 1 年的周期内，针对不同水源中的生物源高分子、HA 类物质和颗粒性物质，开展了其季节性变化规律的研究。考虑到这些物质均被认为是潜在的超滤膜污染物质，明确这些物质在不同水源中的季节性变化特征对于采取优化的膜污染控制策略、保证超滤膜的可持续运行至关重要。

如图 2-11 所示，针对不同的水源，其中生物源高分子的含量表现出不同的季节性变化规律。对于湖库水和江河水等天然地表水源而言，生物源高分子的含量在夏季时会增加，这可能是与地表水中的微生物活动在夏季较高温度下更为活跃有关。另外，夏季湖库水中的生物源高分子含量要明显高于江河水中的含量，这可能是由于湖水的流速较慢致使诸如藻类的微生物生长速率加快，进而产生更多的生物源高分子。Qu 和 Lee 等人的研究发现蓝绿藻的胞外和胞内有机物中含有大量的蛋白质和多聚糖，经藻体代谢和消亡后，便构成了湖库水中的生物源高分子。相反，对于污水处理厂二级出水而言，冬季水温较低时生物源高分子的含量较高，随着温度的增加其浓度表现出逐渐降低的趋势。污水处理厂二级出水中的生物源高分子主要来源于生物处理工艺，在冬季较低温度下，微生物倾向于产生更多的胞外聚合物（EPS）和溶解性微生物产物（SMP），这些物质最终转化成污水处理厂二级出水中的生物源高分子。

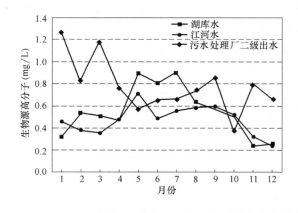

图 2-11　不同水源中生物源高分子含量的季节性变化情况

图 2-12 显示了不同水源中 HA 类物质的季节性变化规律。可以看出，湖库水和江河水等天然地表水源中的 HA 类物质浓度相对较为稳定，仅在 8 月时表现出轻微降低的趋

势，这主要是因为该季节大量降雨对地表水的稀释作用。对于污水处理厂二级出水而言，与冬季相比，夏季时的 HA 浓度略有下降，可能是因为在夏季较高温度环境下，生物处理工艺的处理效率也随之提高的缘故。

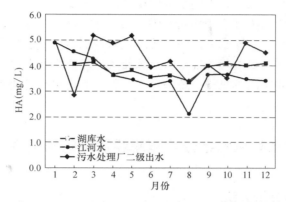

图 2-12　不同水源中 HA 含量的季节性变化情况

图 2-13 显示了三种水源中颗粒性物质含量随季节变化的情况。可以看出，湖库水中颗粒性物质的浓度全年比较稳定，SS 值在 5mg/L 以下，浊度也保持在 5NTU 以下。但是，江河水中颗粒性物质的浓度呈现出较大的波动：SS 值在 1.17～19.35mg/L 的范围内变化，浊度值在 1.12～14.4NTU 范围内变化。江河中颗粒性物质的浓度受水流流速和降雨的影响较大，最终对超滤过程的膜污染造成影响。对于污水处理厂二级出水而言，冬季温度较低时颗粒性物质的含量较之夏季（4～8 月）表现出升高的趋势，这或许是由于在夏季较高温度下生物处理工艺的表现更好。但是，对于污水处理厂二级出水中的颗粒性物质而言，对膜污染造成主要影响的可能是颗粒上的胞外聚合物，而并不是颗粒本身，正如在之前部分所进行的详细讨论。

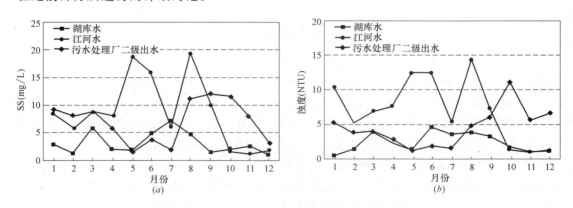

图 2-13　不同水源中 SS 和浊度的季节性变化情况

综上所述，针对不同的典型水源，生物源高分子、HA 类物质和颗粒性物质通常在 1 年的时间中表现出明显的季节性变化规律。这就有可能据此制定出与之相适配的膜前预处理工艺方案和膜污染控制策略，以尽量降低超滤膜的污染，优化超滤膜的运行，为促进其在实际水处理工程中的应用奠定基础。

在针对湖库水、江河水和污水处理厂二级出水等不同的典型水源所开展的研究中，都可以建立起超滤膜污染与生物源高分子含量之间显著的正相关关系，这证明在针对不同水源不同季节下进行超滤处理时，可以将生物源高分子作为一个具有普适性意义的指标用于预测超滤膜的污染潜势。此外，不同水源中生物源高分子的浓度随季节变化而表现出规律性的变化趋势。以上两点为准确预测超滤膜污染并开发优化的膜污染控制策略提供了重要的基础依据。此外，针对湖库水和江河水等地表水源而言，发现其中的颗粒性物质含量与超滤膜污染之间也存在明显的相关性，只是该相关性较之生物源高分子与膜污染之间的相关性略差一些。在检测手段不足或应急情况下，颗粒性含量也可用来预测地表水超滤过程中的膜污染潜势。

2.2　水中不同荧光有机物组分与超滤膜污染的相关性分析

2.2.1　研究过程与分析方法

1. 实验原水

实验中用到的河水采自牡丹江铁路水源地，湖库水采自镜泊湖、莲花湖和磨盘山，污水处理厂二级出水采自牡丹江污水处理厂，原水水质如表 2-1 所示。原水在进行超滤前，用 $0.45\mu m$ 有机滤膜进行预过滤，以去除大颗粒物质和胶体物质。经抽滤器预过滤后，装入试剂瓶中放在 4℃的冰箱中保存待用，72h 内超滤完毕。过滤所用抽滤装置、试剂瓶需预先采用铬酸洗液处理。

各原水水质情况表（2014 年 1—10 月）　　　　　　　　　　　表 2-1

	污水处理厂二级出水	镜泊湖	莲花湖	水源地	磨盘山
温度（℃）	7.8～25.6	0.1～20.8	0.2～19.2	0.1～24.3	9.2
pH	7.30～8.40	6.94～8.07	7.42～8.83	7.18～7.86	7.3
浊度（NTU）	4.76～20.48	45.6～188.3	10.8～43.6	30.2～167.8	7.35
DOC（mg/L）	4.76～15.13	3.927～9.326	3.933～8.767	3.249～5.062	3.95
电导率（ms/m）	48.6～213	17.9～109	7.33～103	18.6～159	27.3

2. 超滤膜

本研究采用实验装置为 Amicon 8400 超滤杯，所用超滤膜为 Pall 聚醚砜平板超滤膜（PES 膜），直径 76mm，截留分子量为 100kDa，有效过滤面积 41.8cm^2。PES 超滤膜的结构是非对称性的，通过接触角测量，其触角在 55°～60°范围内。膜在进行超滤实验之前用超纯水充分过滤，以去除膜表面的保护性甘油和抑菌剂，消除这些物质在膜过滤过程中对超滤结果的干扰。超滤膜在使用前浸泡在超纯水中 48h，然后过滤超纯水 2L。每张膜在超滤实验前首先测量超纯水通量：方法是用膜过滤 150ml 超纯水，记录通量的变化并计算膜的初始通量。本研究中，Pall 超滤膜进行重复利用，方法是每次实验后将超滤膜放在超纯水中浸泡 24h，然后用 4.0g/LNaOH 溶液浸泡 30min，再用 1% HCl 溶液浸泡 30min。在实验前用 2L 超纯水进行过滤清洗直至通量稳定，化学清洗后的超滤膜通量可恢复到新膜通量的 90%以上。

3. 超滤实验

为了考察不同水源中污染物与超滤膜污染之间的关系，本实验分别对河流水（牡丹江水）、湖库水（镜泊湖、莲花湖）和污水处理厂二级出水（牡丹江污水处理厂）进行为期8个月的采样，即2014年1～2月和5～10月，分别检测水样的常规化学指标并对NOM的物化特征进行分析。水样经$0.45\mu m$滤膜预处理后进行超滤实验，每个采样点所采水样均进行三周期的超滤实验，分别计算膜的可逆污染和不可逆污染。解析不同水源的膜污染规律，建立膜污染与污染物之间的相关性关系，探索造成超滤膜污染的关键因素。

4. 膜污染分析方法

每种原水取350mL在恒定压力下（0.08MPa）进行超滤实验，过滤体积为300mL，记录超滤前后的膜通量变化；超滤后用50mL超纯水进行反冲洗（0.08MPa，保证85%的产水率），测定反冲洗后膜的通量。实验过程中保持TMP不变，根据不同阶段的膜通量计算膜污染阻力。

为了考察超滤膜可逆和不可逆污染，超滤实验设计借鉴D. Jermann的方法并在其基础上进行了改进，主要是在设计上去除了浓差极化的影响，超滤实验流程如图2-14所示。因为可逆污染物质和不可逆污染物质都会产生浓差极化的现象，这部分污染的贡献可以通过以下方法在计算中予以去除。超滤分为三个周期进行，每个周期分为5个步骤：

（1）首先用100mL超纯水测量超滤膜的初始通量，记为J_{100-1}；

（2）过滤实验原水300mL；

（3）之后过滤100mL超纯水以测量第一周期的末端通量，记为J_{100-2}；

（4）用50mL超纯水反冲洗超滤膜，去除可逆污染物质；

（5）用100mL超纯水测量反冲后膜通量，记为J_{100-3}，同时这也是下个周期的初始通量。第二、三周期依次进行。

不可逆膜污染IF定义为经过反冲后部分污染物仍留在超滤膜上，导致膜通量不可恢复的污染：

$$IF=(J_{100-1}-J_{100-3})/J_{100-1}$$

可逆膜污染定义为经过超纯水反冲后部分污染物被去除、膜通量得以部分恢复的污染：

$$RF=(J_{100-3}-J_{100-2})/J_{100-1}$$

总膜污染是可逆膜污染和不可逆膜污染的加和：

$$TF=IF+RF$$

为了保证膜污染计算的一致性和准确性，所有水样用电子天平控制超滤出水的滤出体积，在每个周期滤出液体积累计300mL时立即关闭压力阀门，所有实验记录要进行异常值检测，去除由于外界干扰造成的结果不准确记录。

5. 有机物平衡分析

污染物在超滤过程中主要有三个去向，一是小分子有机物透过超滤膜进入渗滤液中，二是大分子有机物被截留在滤液中，还有一部分有机物吸附在膜孔或者沉积在膜表面。通过分析有机污染物在以上三种途径中的含量可以获取超滤膜污染的严重程度。通过测定超滤出水（渗滤液）、截留水（浓缩液）中的有机物浓度，可以根据公式计算出沉积在膜表面有机物的比例，通过分析原水中有机物在渗滤液、浓缩液和膜表面沉积物中的比例可以

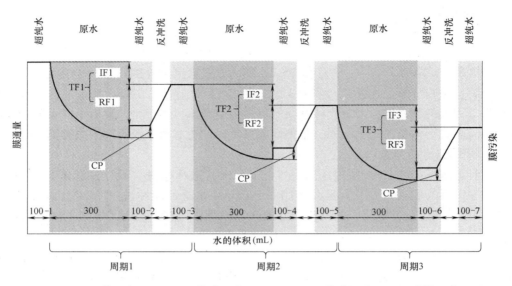

图 2-14　总膜污染（TF）、可逆膜污染（RF）和不可逆膜污染（IF）计算示意图

了解污染物的迁移规律。有机物平衡分析和膜通量变化、膜污染的可逆性分析一起构成了超滤膜污染的基本评价。

$$渗透液中有机物比例(\%)=\frac{TOC_{出水}\times V_{出水}}{TOC_{进水}\times V_{进水}}\times 100\%$$

$$浓缩液中有机物比例(\%)=\frac{TOC_{浓缩液}\times V_{浓缩液}}{TOC_{进水}\times V_{进水}}\times 100\%$$

$$可逆沉积的有机物比例(\%)=\frac{TOC_{进水}\times V_{进水}-TOC_{出水}\times V_{出水}-TOC_{浓缩液}\times V_{浓缩液}}{TOC_{进水}\times V_{进水}}\times 100\%$$

6. 有机物亲疏水性分析

采用 XAD-8 和 XAD-4 树脂进行亲水性和疏水性有机物的分级实验。两种树脂串联使用，首先利用 XAD-8 树脂去除水中的强疏水性有机物，出水进入装有 XAD-4 树脂的滤柱，去除水中的过渡性有机物，XAD-4 树脂出水中含有的则为亲水性有机物。不同原水 NOM 亲疏水性分级按以下步骤进行：①树脂使用前需要清洗，清洗液选择碱液和酸液各浸泡 24h，中间更换碱液或者酸液 5 次；②水样在分级前用 HCl 溶液调节 pH 值至 2.0；③酸化后的水样通过 XAD-8 树脂柱，树脂与水样的体积比为 1:30，流速以每小时 15 倍床体积计；④出水直接通过 XAD-4 树脂，参数同 XAD-8 树脂；⑤测定原水、XAD-8 树脂和 XAD-4 树脂出水中 DOC 含量，采用插值法计算各组分含量。

7. 荧光光谱扫描

水源中的部分物质被特定波长光照射后处于激发态，激发态分子经历一个碰撞及发射的去激发过程能发出反映该物质特性的荧光，通过测定荧光的波长与强度可以定性分析水中有机物的性质。本研究中，不同水源中的有机物通过荧光激发-发射矩阵（Excitation-emission matrix，EEM）进行测定。典型天然地表水通常包含 5 个荧光峰，分别是代表 HA 类物质的 A 峰（激发光 320～350nm，发射光 400～500m）和 C 峰（激发光 320～350nm，发射光 400～500nm），代表蛋白质类物质的 T1 峰和 T2 峰（激发光 225～

280nm，发射光 310～340nm），代表络氨酸的 B 峰（激发光 225～237nm，发射光 309～321nm）。本实验采用分子荧光光谱仪（F7000）测定不同水源中的荧光类物质。具体方法如下：

（1）不同水源中的颗粒物会干扰分子荧光光谱测定，因而水样需要用 $0.45\mu m$ 的滤膜预过滤。

（2）污水处理厂原水浓度较高，需要对原水进行稀释后再进行荧光光谱测定。

（3）参数设定：激发波长 220～450nm，狭缝宽 5nm，发射波长 250～550nm，狭缝宽度 1nm，扫描速度 2400nm/s。

（4）超滤实验完成后要尽快完成荧光光谱测定，减少荧光类物质的衰减。

（5）需要测定超纯水的荧光光谱，在后期数据处理时从水源的荧光光谱中扣除。

8. 平行因子分析方法

荧光光谱扫描可以定性地了解不同水源中有机物的性质，为了获取不同水源中蛋白质和 HA 的定量信息，对获取的荧光激发-发射矩阵进行平行因子分析。荧光激发-发射矩阵平行因子分析方法可以把复杂的荧光信号分解，进而获得单独组分的荧光信息，进一步通过对比荧光组分信号的大小，可获取水样中荧光有机物组分的相对浓度。获取的激发-发射矩阵首先进行数据格式的统一，激发波长 250～420nm，发射波长 250～550nm，在这个激发、发射区间可以完全获取不同水体中有机物的信息，减少数据的运算量。统一数据后，在 matlab（Matlab 2012a）中运行 DOMFluor 工具箱进行平行因子分析。

本研究中所用水样取自一年当中的丰、平、枯三个水期，共计采样 8 个月，丰水期为 7、8、9 三个月，平水期为 5、6、10 三个月，枯水期为 1、2 两个月，每个月采样包括 4 个水源，分别是污水处理厂二级出水、镜泊湖、莲花湖和牡丹江水，8 个月合计采样 32 个。每个原水水样在超滤实验中分别产生出水样品和截留水样品。在对荧光矩阵进行平行因子分析时分成 3 组，原水 32 个，出水 32 个，截留水 32 个。为了获取不同荧光组分的定量信息，每组样品的三维荧光矩阵分别用来进行平行因子分析。经过数据筛选、异常值检测、数据载荷和杠杆筛查、数据半数分析、数据的随机值分析等步骤以后，模型通过验证，表明运算出来的因子可以代表大部分样品中荧光组分的特性，其相对荧光强度通过导出 Fmax 值进行表征。

2.2.2 不同水源的超滤膜污染特性分析

为了说明不同水源中有机物与超滤膜污染的关系，本研究采集了 2014 年 5 月 5 个不同水源的水样，包含 1 个河流水、3 个湖库水源和 1 个污水处理厂二级出水。图 2-16 列出了各水源引起的比通量下降曲线，可知各水源在 5 月份膜比通量下降最大的是污水处理厂二级出水，过滤周期末端的膜比通量为 0.42，其次为磨盘山水和镜泊湖水，末端膜比通量为 0.50 和 0.52，下降最小的是莲花湖水和水源地水，分别为 0.65 和 0.71。

从图 2-15 可以看出，磨盘山水造成的通量下降仅低于污水处理厂二级出水，与其他三个水源地相比均更加严重。从图 2-17 各原水 UV_{254} 和 TOC 可以看出，磨盘山水库作为哈尔滨市的饮用水源地，它的总有机物指标浓度值要低于其他几个水体，但是对超滤膜通量下降的影响却比其他几个水源都要大。这进一步印证了本书 2.1 节的结论，即以总有机物指标作为超滤膜污染指标是不合适的，各水源中有机污染物质的种类和含量都会对超

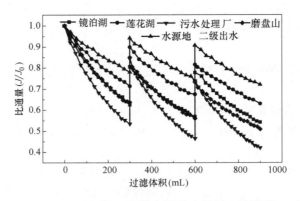

图 2-15　2014 年 5 月各水源膜比通量下降曲线

滤膜污染造成影响。从图 2-16 还可以看出，镜泊湖水和莲花湖水 TOC 含量相似，但从图 2-15 可以发现，两个水源的超滤膜污染行为却差异很大，莲花湖水的末端膜比通量比镜泊湖的末端膜比通量高 10% 左右，再次说明有机物的总量不一定是导致超滤膜通量下降的主要因素，需综合考察有机物的组成与性质等情况。

分析认为，各原水在通过 $0.45\mu m$ 膜滤后，颗粒物和大分子胶体物质被去除，出水中主要含有多糖、蛋白质、HA、富里酸等有机物组分，这些物质可能是造成膜比通量下降的原因。不同的有机物会产生不同程度和不同性质（可逆/不可逆膜污染）的超滤膜污染，部分有机物质虽然浓度很低，但是会产生较为严重的不可逆膜污染，这也是磨盘山水库水造成的膜通量下降比其他水源造成的膜通量下降严重的原因。

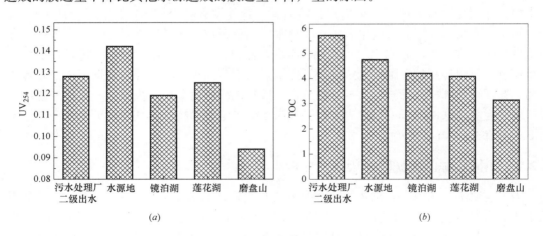

图 2-16　2014 年 5 月各水源总有机物指标

(a) UV_{254}；(b) TOC

图 2-17 是各原水引起的可逆和不可逆污染情况，可以看出，不同水源都能够引起可逆污染和不可逆污染。在三周期的超滤过程中，不可逆污染会随着过滤周期增加而加重，而可逆污染在三周期的过滤中变化不大。这主要是因为进水中的有机物浓度和成分在超滤过程中并未发生变化，在三周期实验中每次过滤的水样体积是固定的，因而引起膜污染的物质量也是固定的。每个过滤周期后所进行的反冲洗操作可把上一周期累积的可逆污染物

去除掉，因而在三周期过滤中可逆污染基本保持不变。但是，不可逆污染随过滤周期的延长而不断增大，这是因为不可逆污染无法通过水力反冲进行去除，会在下一个周期进行累积，因而不可逆污染会随运行时间的延长而逐渐增大。

从图 2-17 可见，磨盘山水库水在超滤中引起了最大的不可逆污染，其他原水引起的不可逆污染的顺序为：污水处理厂二级出水＞镜泊湖＞莲花湖＞水源地，这个顺序与膜比通量的变化并不一致，说明膜通量的变化并不能完全反映膜污染的不可逆性。需要从各原水中有机物的种类和特性出发，探究引起膜总污染和不可逆污染的关键因素。

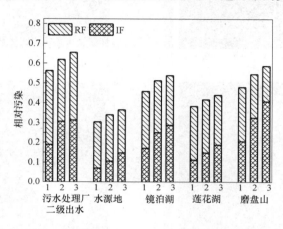

图 2-17　各水源 2014 年 5 月可逆和不可逆污染

2.2.3　基于 EEM 的超滤膜主要膜污染物分析

湖库水、河流水和污水处理厂二级出水，三者由于来源及环境的差异可能导致其污染物种类、性质的不同，因而会影响三者在超滤过程中的膜污染行为。因此，采用 EEM-PARAFAC 方法对造成超滤膜污染的主要组分进行了分析。

1. 不同水源典型荧光物质特性

为了明确造成超滤膜可逆和不可逆污染的物质，对每种原水进行三维荧光检测，识别水体中的有机污染物。图 2-18 为 2014 年 5 月所采 4 个水样的三维荧光图。从图中可以看到湖库水和河流水样品主要包括 3 个荧光峰，分别代表 HA 类物质（Ⅴ）、富里酸（Ⅲ）和蛋白质类物质（Ⅳ）。而污水处理厂出水中还可以识别到激发波长 230nm，发射波长340nm 的荧光峰，该荧光峰与络氨酸类蛋白质相关。从各水样三维荧光图可以看出，四个水体中均含有 HA 类物质和蛋白质类物质，这两种物质在超滤膜污染研究中被认为是主要的膜污染物，两者均能造成膜通量的下降。但是 HA 和蛋白质对不可逆膜污染的影响，不同的研究者却有不同的看法。Peiris 等研究表明，HA 和蛋白质类物质对不可逆膜污染均有所贡献；但是 peldszus 等指出，不可逆污染主要由蛋白类物质所造成，而不是HA。由于 HA 和蛋白质类物质在不同的水源中的含量、特性也有所不同，研究两种有机物在超滤前后荧光强度的变化可以帮助更好地理解其在膜滤过程中的污染行为。

对原水、超滤出水和截留水进行三维荧光扫描分析，绘制不同水样的三维荧光图，如图 2-19 所示。从图中可以看出，与原水相比，污水处理厂二级出水的超滤出水中，各个

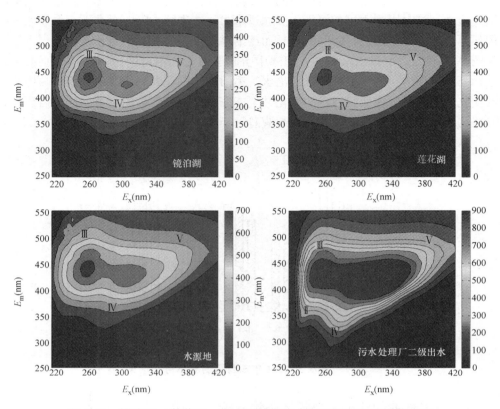

图 2-18　镜泊湖、莲花湖、市水源地和污水处理厂原水三维荧光图

荧光峰强度均有减轻，截留水中 HA 和蛋白质的荧光峰强度均有所加强；镜泊湖和莲花湖超滤出水和截留水中各个荧光峰的强度均有所减弱；河流水超滤出水中，HA 荧光峰强度和原水相比变化不明显，但在截留水中观察到蛋白质荧光峰得到了加强。

对于污水处理厂二级出水和河流水，蛋白质在超滤截留水中的荧光峰强度得到增强，表明蛋白质类物质在超滤过程中能够被膜截留下来；同时，HA 荧光峰在污水处理厂二级出水的截留水中也有所加强，说明对于污水处理厂二级出水来说，HA 也能够被超滤膜所截留。而对于两个湖库水，截留水和超滤出水中虽可见 HA 类物质荧光峰，但荧光峰峰强均有所减弱，说明对于两个湖库水来说，有部分 HA 类物质被截留在超滤膜之上。

从荧光峰强度的变化可以看出，污水处理厂二级出水中对膜污染影响比较大的物质包括 HA 和蛋白质，而对于河流水来说影响大的是蛋白质，对于两个湖库水体蛋白质的影响在荧光图上还不能直观地展现出来，虽然 HA 在截留水中有出现，但并没有加强，其影响还有待考证。荧光组分在超滤前后的变化只能够提供定性的判断依据，三维荧光的定量信息可以通过三维荧光平行因子分析来实现。

2. 基于 EEM-PARAFAC 技术的超滤膜污染物识别

为了分析各个水源中不同荧光物质与超滤膜可逆/不可逆膜污染之间的关系，利用 matlab 软件对荧光数据进行平行因子分析，将荧光信号分解为相对独立的荧光，提取独立荧光的信息进行数据统计分析。4 种原水，采样 8 个月，共计产生 32 个原水三维荧光

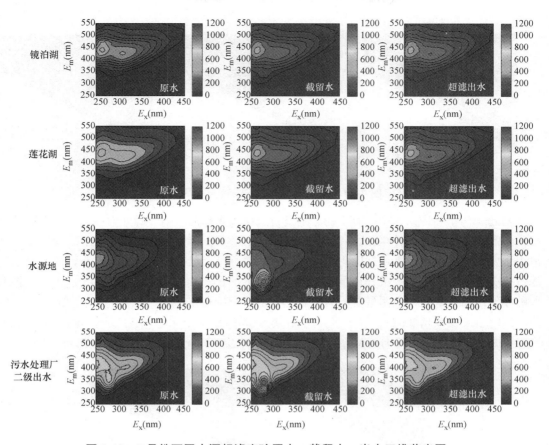

图 2-19　5 月份不同水源超滤实验原水、截留水、出水三维荧光图

矩阵，运用 matlab 进行平行因子分析，先后对 32 个矩阵采用去空白的方法进行了拉曼散射和瑞丽散射校正，并进行了异常值的分析。

分析结果表明，32 组数据中不存在异常值的情况。运用残差分析法和一分为二法对整个数据样本的有机物组分进行了分析和确认，最后确定 3 组分为最合理的组分数。运用模型计算，最后输出了样品中所含组分的荧光峰位置以及与之对应的荧光强度。三组分荧光模型如图 2-20 所示，可以看出，组分 1 激发波长 260nm，发射波长为 450nm，从前人的文献中可以看出，组分 1 代表河流型陆源 HA。组分 2 激发波长为 250nm 和 310nm，发射波长为 400nm，为微生物源 HA 类物质。组分 3 激发波长 260nm，发射波长为 340nm，代表蛋白质类物质。在污水处理厂二级出水三维荧光图中还存在激发波长 230nm，发射波长为 340nm 的荧光峰，与络氨酸类蛋白质相关，但是在平行因子分析中这个荧光组分没有被识别出来，说明这个组分在其他三个水源中没有被发现，即使在污水处理厂二级出水中也不是每次都被检测出来，说明该物质不具有广泛的代表性。

原水中检测出的物质在超滤前后的变化情况可在一定程度上反映该物质对膜污染的影响，尤其是截留水中荧光组分及其荧光强度的变化与膜污染的关系更为直接。另外，超滤过程中会有部分荧光组分沉积在超滤膜上，这部分的变化可以用荧光相对强度的物料平衡分析来评价。

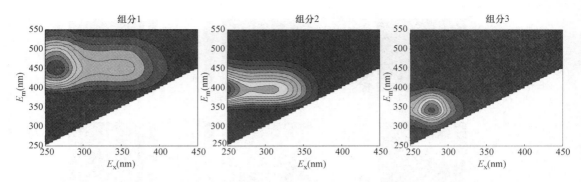

图 2-20　组分 1，2，3 三维荧光等高线图

对超滤出水与截留水中的有机物分别进行三维荧光扫描，图 2-21 和图 2-22 分别为 32 个出水样品和 32 个截留水样品的平行因子分析结果。可见，组分 3 在截留水中出现但是在超滤出水中没有被检测出来，这说明组分 3 被超滤膜所完全截留。在本书 3.1 节，研究显示超滤过程中对膜影响最大的组分是 $100\text{kDa}\sim0.45\mu\text{m}$ 分子量区间的组分，在超滤过程中其被截留的比例最高，这间接说明蛋白质类物质主要是分子量在 $100\text{kDa}\sim0.45\mu\text{m}$ 范围的大分子物质。同时也发现在超滤前后，HA 类物质在截留水和超滤出水中均能够被检测出来，说明 HA 类物质的尺寸分布范围较宽，其对超滤膜污染的影响还不能很好地据此进行判断。

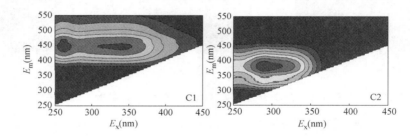

图 2-21　出水中组分 1 和组分 2 荧光等高线图

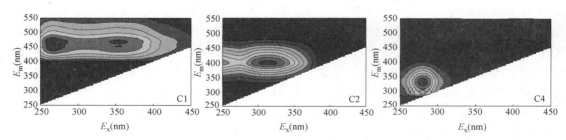

图 2-22　截留水中组分 1、组分 2、组分 3 荧光等高线图

接下来，定量考察了超滤前后不同组分的荧光强度变化情况。从图 2-23 中可以看到，C1、C2、C3 三个组分在四个水体的超滤截留液中均出现了累积，即其在截留液中的浓度甚至高于原水。此外，三个组分的荧光强度在三个天然水体中的含量均比污水处理厂二级出水要低，从超滤膜污染状况来看，污水处理厂二级出水所引起的膜通量下降也比其他几个水源更加严重，这说明污水处理厂二级出水中较高浓度的 HA 和蛋白质类物质能够引起较为严重的超滤膜污染。

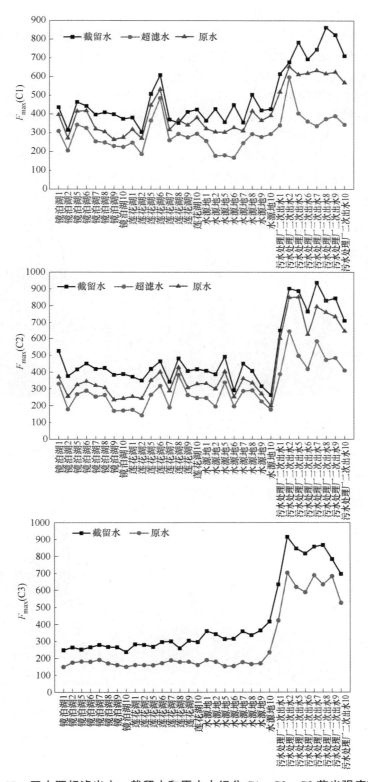

图 2-23 四水源超滤出水，截留水和原水中组分 C1、C2、C3 荧光强度变化

应用三维荧光平行因子分析获得的相对有机物浓度值（F_{max}），与原水、截留水和超滤出水的体积，进行物料平衡计算，以期明确各个组分在超滤过程中的分布与归趋情况。从图 2-24 可以看出，组分 3 大部分附着于超滤膜之上，仅有少量存在于截留水中（出水中未检出）。另外，与蛋白质类物质不同，代表陆源 HA 类物质的 C1 和代表微生物腐殖质的 C2 在超滤出水和截留水中均有出现。对于江河、湖库等天然地表水源，只有很少的 C1、C2 组分被截留在膜的表面或者膜孔内部，这些被截留的 HA 类物质对超滤膜污染可能存在贡献。对于污水处理厂二级出水，被截留于超滤膜之上的 C1、C2 含量明显升高，导致的结果就是 C1、C2 与总膜污染和不可逆膜污染存在很好的相关关系，这表明 HA 类物质在一定条件下也可形成较为严重的膜污染。从以上分析中可以看出，对于污水处理厂

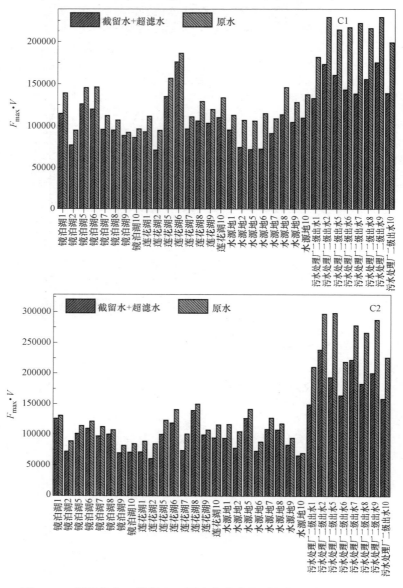

图 2-24 超滤出水、截留水、原水中荧光物质物料平衡分析（一）

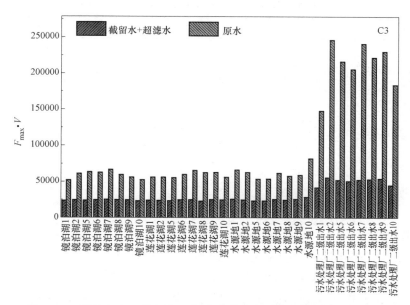

图 2-24 超滤出水、截留水、原水中荧光物质物料平衡分析（二）

二级出水来说，C1、C2、C3 均对超滤膜污染有所贡献；而对于河流水和湖库水体，C1、C2 在超滤过程中不能作为主要的膜污染物，但是 C3 对超滤膜污染的贡献比较明确。

3. 相对荧光强度与超滤膜污染相关性分析

为了定量探究不同荧光组分对超滤膜可逆/不可逆污染的贡献，每种荧光组分的相对荧光强度被用来和超滤膜污染进行相关性分析。在本研究中，采用 R^2 来表征相对荧光强度（C1、C2、C3 的 F_{max}）和膜污染（TF、IF、RF）之间的相关关系，表中带 * 数值表示在 0.05 水平下显著相关。如表 2-2 所示，对于污水处理厂二级出水，所有的荧光组分（C1、C2、C3）均与不可逆膜污染（IF）存在正相关关系，与可逆膜污染（TF）存在负相关关系。荧光组分相对荧光强度与不可逆膜污染之间的 R^2 值分别达到了 0.859、0.859、0.872，说明污水处理厂二级出水在超滤过程中的不可逆膜污染是由组分 C1，C2 和 C3 共同造成的，HA 类物质和蛋白质类物质在不可逆污染形成中均起了重要的贡献。三种荧光组分与可逆膜污染之间的 R^2 值为负值，表明污水处理厂二级出水中的三种荧光物质主要形成不可逆膜污染，而可逆污染可能是由其他物质造成的，如多糖等。

对于两个湖库水来说，蛋白质类物质（C3）和不可逆膜污染之间存在明显正相关关系，但是并没有发现腐殖质类物质 C1、C2 和膜污染之间的相关关系。这表明对于湖库水来说，不可逆膜污染主要是由蛋白质类物质所导致，HA 类物质在超滤过程中对膜污染的贡献较小，尽管其在天然有机物中的含量比较高。

对于河流水源来说，蛋白质类物质（C3）和总膜污染和不可逆膜污染之间存在正相关关系，但是同样没有发现 C1、C2 和膜污染之间的相关关系。这表明对于河流水源来说，膜污染主要是蛋白质类物质所导致，HA 类物质在超滤过程中对膜的污染仅有很小的贡献。与湖库水源不同的是，河流水源中蛋白质类物质同时贡献了较大的总膜污染，说明河流水中的蛋白质类物质既形成不可逆膜污染，也可形成一定的可逆污染。

荧光组分与膜污染之间的相关关系（R^2）结果表　　表 2-2

原水	荧光组分	*TF*	*IF*	*RF*
污水处理厂二级出水	C1	0.266	**0.859** *	**−0.936** *
	C2	0.436	**0.859** *	**−0.82** *
	C3	0.458	**0.872** *	**−0.821** *
镜泊湖和莲花湖	C1	−0.491	−0.111	−0.354
	C2	−0.093	0.236	−0.403
	C3	0.22	**0.599** *	**−0.561** *
水源地	C1	0.141	0.425	−0.331
	C2	−0.478	−0.569	−0.233
	C3	**0.802** *	**0.876** *	0.516

注：表中带 * 数值表示在 0.05 水平下显著相关。

本节研究了三类不同水体的超滤污染行为，利用在不同季节所采水样进行超滤实验，对水样原水、超滤出水和截留水的三维荧光激发发射矩阵进行平行因子分析，利用相对荧光强度与超滤膜可逆/不可逆污染进行了量化分析，识别了不同水体中引起超滤膜污染，尤其是不可逆污染的主要污染物质。结果表明，污水处理厂二级出水中两种 HA 类物质和蛋白质类物质均对超滤膜不可逆污染具有显著的贡献，而河流水体和湖库水体中则主要是蛋白质类物质造成不可逆膜污染。

2.3　实际地表水体中超滤膜主要不可逆污染物的识别

2.3.1　超滤膜工艺特征与评价方法

为了更好地阐明不同 NOM 组分对超滤膜不可逆膜污染的贡献，本实验采集了 9 种不同季节不同来源的水样，利用连续流浸没式中空纤维超滤膜装置，在周期性反冲洗的条件下确定了不同水样的超滤膜不可逆污染势。进而采用三维荧光 EEM 检测和 PARAFAC 分析技术，对造成超滤膜不可逆膜污染的主要 NOM 组分进行了系统分析与讨论。

1. 原水水质

本研究选取九种不同季节、不同水源的水样进行超滤膜过滤实验，利用三维 EEM-PARFAC 方法识别造成超滤膜不可逆污染的主要污染物组分。不同水样的原水水质如表 2-3 所示。其中，1 号和 3 号水样取自大庆市龙虎泡水库（大庆市水源），5 号水样取自松花江朱顺屯段，其他水源均取自松花江哈尔滨市第十四道街段。所取水样在 4℃ 冰箱保存，并且在 72h 之内完成超滤实验和水质分析检测。

实验所用原水水质　　表 2-3

水样编号	取样日期	pH	浊度（NTU）	电导率（μS/cm）	Zeta 电位（mV）	UV_{254}（cm^{-1}）	DOC（mg/L）	SUVA [L/(mg·cm)]
1	2014/6/7	8.17	20.1	672	−27	0.101	10.24	0.986
2	2014/7/10	7.96	51.7	173	−27.5	0.132	15.31	0.862

续表

水样编号	取样日期	pH	浊度(NTU)	电导率(μS/cm)	Zeta电位(mV)	UV_{254}(cm^{-1})	DOC(mg/L)	SUVA[L/(mg·cm)]
3	2014/8/10	8.03	43	680	−24.22	0.113	13.09	0.863
4	2014/9/29	8.18	43.1	443	−29.5	0.137	22.46	0.61
5	2014/11/20	8.1	18.2	164.7	−30.04	0.079	8.2	0.963
6	2014/12/14	7.96	15.8	148.3	−26.4	0.095	8.87	1.071
7	2014/12/29	7.9	16.9	275	−23.86	0.103	10.72	0.961
8	2015/1/10	8.06	15.7	441	−32.8	0.112	10.72	1.045
9	2015/4/22	7.92	26.3	170	−22.5	0.136	17.98	0.75

2. 浸没式中空纤维超滤膜装置

（1）中空纤维膜膜组件：膜丝采用海南立升公司产的 PVDF 膜，采用外压式进水，膜孔径 10nm，膜丝外径 1.45mm，内径 0.85mm，截留分子量 100kDa。本研究中采用三根长度为 25cm 的膜丝进行小型膜组件的粘接，相应的膜有效面积为 34.15cm²。新膜粘好后在超纯水中浸泡四次，洗去甘油保护液，然后通超纯水过膜 5h 以上，至膜后出水 UV_{254} 不检出。在使用前通超纯水运行以保持跨膜压稳定。不使用时存放在超纯水中，保持每天换水。每次实验采用一个新的膜组件，过滤通量控制在 45L/(m²·h)，反冲洗通量控制在 90L/(m²·h)，60min 为一个周期，其中 59min 过滤产水，1min 进行反冲洗。超滤实验在室温保持 20℃条件下进行。

（2）装置构成：装置由高位水箱、恒位水箱、膜池、蠕动泵、真空表、压力传感器、控制器、电脑和出水水池组成，全有机玻璃制作，接口用 6.4mm 口径水嘴，水管使用 25 号和 16 号兰格蠕动泵管，高位水箱和恒位水箱有效容积为 9.4L、1.75L，膜池高 60cm 内径 35mm，有效容积 0.53L。蠕动泵使用保定兰格 BT100-2J 型接 YZ1515X-A 型泵头。控制板使用 MA-GA 2560 型电子板，使用 arduino 开源软件编程，数据传输至电脑，电脑下达指令至电子板控制蠕动泵的转速及转动方向。装置整体如图 2-25 所示。压力传感器使用佛山赛普特电子仪器有限公司生产的 PTP708 型压力传感器，由真空表校准。研究中超滤膜运行方式为恒流量过滤，流量由蠕动泵控制，蠕动泵使用之前用量筒校准平行性及转速与流量关系。

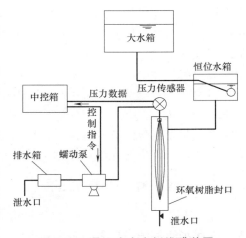

图 2-25 浸没式中空纤维膜装置

3. 不可逆膜污染的确定

膜污染可以用下列序列膜污染阻力公式表示：

$$R_t = R_m + R_f = R_m + R_{rev} + R_{irr} = TMP/\eta J$$

其中，R_t、R_m、R_f、R_{rev}、R_{irr} 分别为膜总阻力、膜自身阻力、膜污染阻力、膜可逆污染阻力、膜不可逆污染阻力，单位为 m^{-1}；TMP 为跨膜压，单位为 Pa；η 是水的动力学黏度，随温度变化，单位为 Pa・s；J 为膜的通量，单位为 m^3/(m^2・s)。

所以，可以用 $R_{irr} = TMP_{irr}/\eta J$ 表示膜的不可逆污染，TMP_{irr} 是运行结束后受污染膜经水力反冲洗后的跨膜压减去新膜初始跨膜压的值。又因为膜组件在实验中运行的总时间有差异，所以用运行时间修正，即不可逆膜污染速率 $DR-R_{irr}$，单位（m^{-1}・min^{-1}）。

4. 分子荧光光谱分析

三维荧光光谱分析（EEM）利用了在特征激发波长与发射波长下产生的荧光强度来定性分析水样中的有机物种类和浓度的变化。近年来，研究显示 EEM 可以用来表征水体中腐殖质和蛋白质的变化，并且被运用到膜污染物的识别中。本研究中使用日立 F7000 型分子荧光仪，采用的激发波长为 220～450nm，发射波长为 250～550nm，扫描间隔分别为 5nm 和 1nm。测样前，样品过 0.45μm 滤膜。实验室温度保持为 20℃，pH 调至中性。测样前先测 UV$_{254}$ 值，若 UV$_{254}$ 值超过限度则先将水样稀释一定倍数。EEM 激发和发射狭缝宽度均设置为 5nm，扫描速度设置为 2400nm/min。

本研究使用了用于三维数据分析的平行因子分析方法来辅助计算荧光特性物质的浓度变化，平行因子分析法使用三线性分解和交替最小二乘法模型来模拟计算，该方法由 Stedmon 和 Bro 创立。在本研究中使用了 matlab 计算软件和 DOMFluor 工具包来实现平行因子分析。在计算过程中，必须扣除纯水的荧光，并且扣除拉曼散射和瑞利散射的特征区域以去除散射的影响。

为扩大样本数量、提高平行因子分子的准确性，本研究选用了 81 组 EEM 数据，包括 9 个原水水样，9 个浓缩液水样和 9 个超滤出水水样；12 个采用不同混凝剂预处理的原水水样，以及与之相应的 12 个浓缩液水样和 12 个出水水样；6 个采用不同剂量粉末活性炭预吸附的水样，以及与之相应的 6 个浓缩液水样和 6 个出水水样。应当指出，混凝和吸附预处理的水样仅仅是用于构建 EEM 数据库以有效进行平行因子分析，在接下来的讨论中并未对混凝和吸附预处理进行深入讨论。

81 组三维荧光 EEM 采用 Matlab® 中的 DOMFluor Toolbox 进行处理，产生一系列的 PARAFAC 模型，包括 3～7 个荧光组分。接下来，对所产生的模型进行验证判断，进而确定水中荧光组分的有效数量。每种荧光组分的相对浓度由 PARAFAC 分析产生的 Score 值来表征，而相应的光谱特性则由激发和发射峰位置来表示。

2.3.2　超滤膜对 NOM 的去除

表 2-3 中列出了原水的一些常规水质指标，从数据可以看出，由于原水取自不同的水源，因此水质呈现出显著的差别；即便是对于同一水源，如松花江水，由于原水取自不同季节，水质也存在明显的变化。例如，浊度、DOC、UV$_{254}$、SUVA 等指标均在较宽的范围内变化，分别为 15.7～51.7NTU，8.20～22.46mg/L，0.079～0.137cm^{-1}，和 0.0061～0.0107L（mg・cm）。长期以来的研究已经证明，NOM 是超滤过程中造成膜污染的主要物质，而颗粒和胶体物质可与 NOM 一起导致协同膜污染。因此，考虑到水质的显著变化特征，一个重要的问题就是不同水源中是否存在共同的膜污染物质尤其是不可逆膜污染物质？这对于维持超滤膜的可持续运行、开发适宜的膜污染控制策略具有重要的理论意义和实用价值。

为有效识别造成超滤膜不可逆膜污染的主要污染物组分，开展了多循环超滤实验，跨膜压（TMP）增加情况如图 2-26 所示。因为长期以来 NOM 都被认定为最重要的一类膜污染物质，所以首先分析了 NOM 的综合性参数，即 DOC 和 UV_{254} 在超滤膜污染过程中的作用。如图 2-27 所示，实验中超滤膜对 DOC 和 UV_{254} 的去除率分别为 8.2%～21.3% 和 15.8%～33.8%。随着原水中 DOC 和 UV_{254} 浓度的增加，去除率也相应的增加。尤其是对于 DOC，原水浓度与去除率的相关性系数 R^2 值达到了 0.78（$P=9.82×10^{-4}$）。值得注意的是，只有在超滤过程中被超滤膜所截留的 NOM 才能引起膜污染。因此，该研究结果也表明原水中 NOM 浓度越高，膜污染也就会越严重。这一推断被 NOM 综合性参数（DOC 和 UV_{254}）和不可逆膜污染增加速率（DR-R_{irr}）之间的高相关性所证实。如图 2-28 所示，随着原水中 DOC 和 UV_{254} 值的增加，不可逆膜污染的增加速率也几乎成比例地增加。

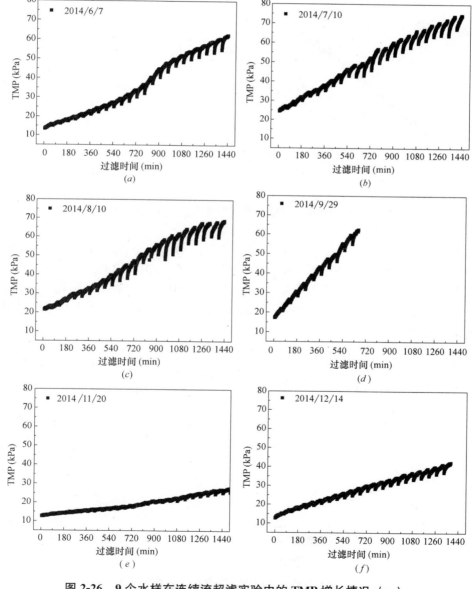

图 2-26　9 个水样在连续流超滤实验中的 TMP 增长情况（一）

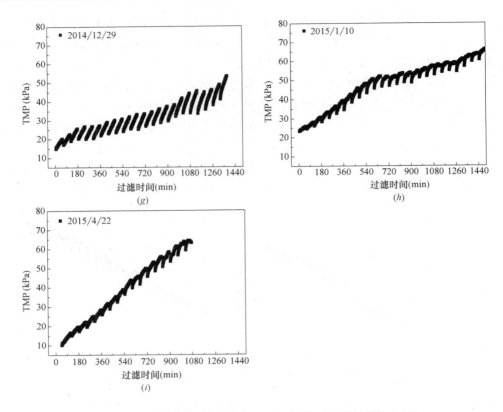

图 2-26　9 个水样在连续流超滤实验中的 TMP 增长情况（二）

　　然而，尽管 NOM 的综合性参数 DOC 和 UV_{254} 与膜的不可逆污染之间具有极强的相关性，但在实际水处理过程中也不可能去除水中所有的有机物以达到控制膜污染的目的。因此，对于实际工程而言，更有价值的是找到 NOM 中能引起膜不可逆污染的特定组分。接下来，采用三维荧光 EEM 技术结合 PARAFAC 分析对 NOM 中的主要不可逆膜污染物组分进行了考察。

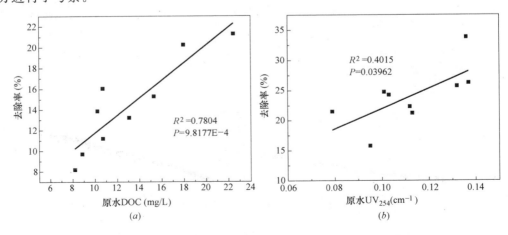

图 2-27　原水中 DOC 和 UV_{254} 浓度对其超滤膜去除率的影响

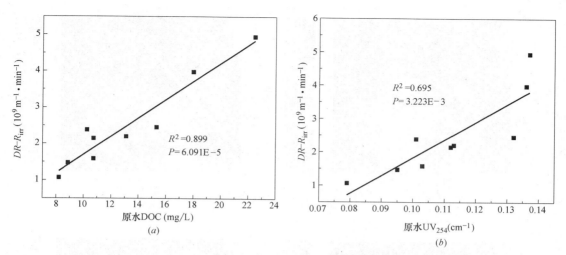

图 2-28　DOC 和 UV$_{254}$浓度与不可逆膜污染增加速率之间的相关性分析

2.3.3　四种 EEM-PARAFAC 荧光组分和超滤膜不可逆污染的相关性分析

9 种取自不同水源和不同季节的原水三维荧光光谱如图 2-29 所示。可以看出，不同原水中 NOM 的荧光光谱显示出显著的差异性，表明每种原水具有不同的荧光物质，并且

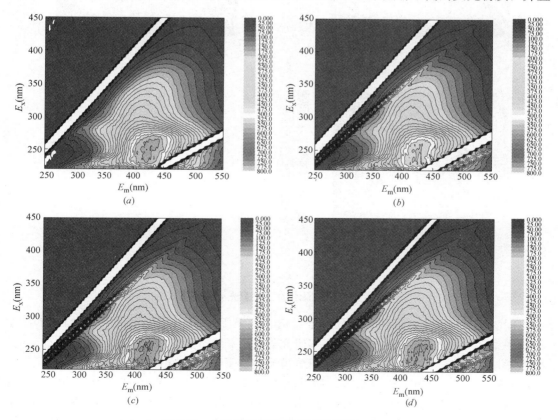

图 2-29　9 种原水的三维荧光光谱图（一）

43

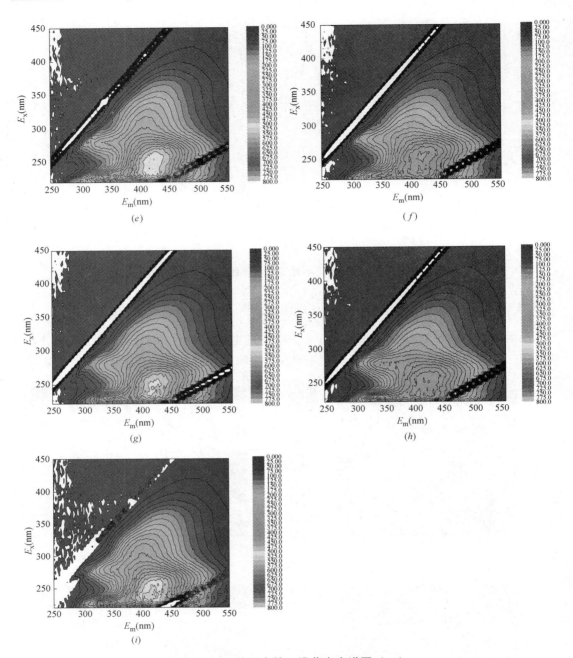

图 2-29　9 种原水的三维荧光光谱图（二）

在不同浓度水平。为获得荧光组分的定量信息，采用 Stedmon 和 Bro 建立的 PARAFAC 计算模型，对荧光数据进行了解析。本研究尝试了 3 组分至 7 组分模型，其中仅有 4 组分模型通过了校验，因此接下来采用 4 组分模型进行了下一步的 PARAFAC 分析工作。

4 种荧光组分的 EEM 等高线，激发和发射波长特性如图 2-30 和 2-31 所示。可以看出，组分 C1 表现为 2 个激发峰 240nm 和 310nm，同时具有很宽的发射峰 390～450nm；组分 C2 也有 2 个激发峰 225nm、280nm 和 1 个发射峰 340nm；组分 C3 有一个强激发峰

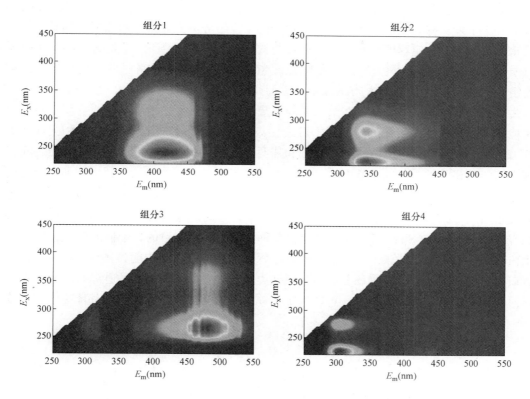

图 2-30 PARAFAC 分析中 4 中荧光组分的 EEM 等高线图谱

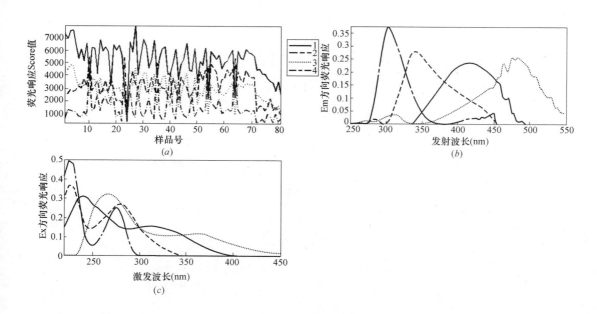

图 2-31 4 种荧光组分特性

（a）荧光响应 Score 值；（b）E_m 方向荧光响应；（c）E_x 方向荧光响应

45

270nm 和一个弱激发峰 365nm，发射峰位于 480nm 左右；组分 C4 有两个激发峰 225nm、275nm 和 1 个发射峰 305nm。本研究中所得到的 4 个组分荧光光谱性质与前人的某些关于有机物的研究具有一定程度的相似性，通过与文献比对，可以判定 C1 是微生物源腐殖质类物质，C2 是色氨酸类蛋白质，C3 是陆源腐殖质类物质，C4 是络氨酸类蛋白质。四种荧光组分的相对浓度可以通过 PARAFAC 模型计算得到的 Score 值表示。

为了找出 NOM 中是否在存在某一组分是造成超滤膜不可逆污染的主要物质，研究中首先检验了 4 种 NOM 荧光组分和膜不可逆污染增长速率（$DR\text{-}R_{irr}$）之间的相关性。如图 2-32 所示，微生物源腐殖质类物质 C1 和陆源腐殖质类物质 C3 与膜不可逆污染之间仅呈现出较弱的相关性，相关系数 R^2 仅为 0.301 和 0.542。这一实验结果超出预期，因为前一部分的分析结果表明随着原水 UV_{254} 的增加，膜不可逆污染也随之增加。另一方面，色氨酸类蛋白质 C2 与膜不可逆污染之间则表现出显著增高的相关性，R^2 达到 0.789。这一发现与 Peldszus 等和 Shao 等的研究结果在某种程度上是相一致的，他们的研究证明主要是蛋白质类物质导致超滤膜的不可逆污染，尽管在他们的研究中未能具体地确定到底是哪种蛋白类物质。本研究的结果还显示，络氨酸类蛋白质 C4 与膜的不可逆污染之间几乎没有任何的相关性（0.143）。据此，可以判定，并不是所有的蛋白质类物质都能导致超滤膜

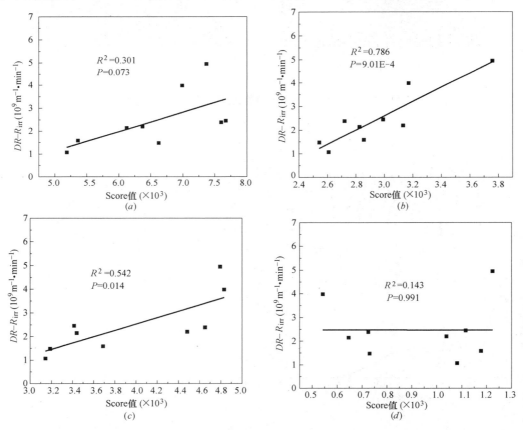

图 2-32　四种荧光组分与膜不可逆污染增长速率之间的相关性分析

(*a*) C1；(*b*) C2；(*c*) C3；(*d*) C4

的不可逆污染，而仅仅是某些蛋白质造成了膜的不可逆污染。针对这一蛋白质种类与超滤膜不可逆污染关系的问题，仍需更多的研究者开展更多的研究工作进行深入而全面的验证工作。

此外，也仍然无法确定超滤膜的不可逆膜污染是由色氨酸类蛋白质（C2）单一组分排他性的造成的，因为 HA 类物质也与不可逆膜污染具有一定的相关性，尤其是陆源 HA 类物质（C3，$R^2 = 0.542$）。因此，接下来采用多元线性回归分析方法评估了不同荧光类物质对超滤膜不可逆污染的贡献。由于两种腐殖质类物质 C1 和 C3，相互之间显著关联（图 2-33），但只有 C3 与不可逆膜污染之间表现出相对强的相关性，因此，接下来以 C3 作为腐殖质类物质的代表进行了多元线性回归分析。

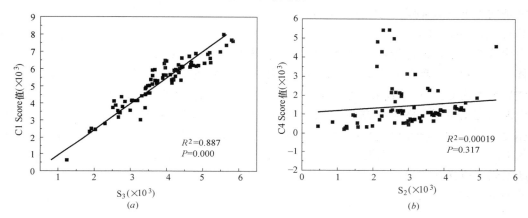

图 2-33　腐殖质类物质 C1 和 C3，蛋白类物质 C2 和 C4 相互之间的关联关系

（a）C1 和 C3 关系；（b）C2 和 C4 关系

首先，采用荧光组分 C2 和 C3 进行多元线性回归分析，结果如下：

$$DR\text{-}R_{irr} = 2.354E6 \times S_2 + 0.504E6 \times S_3 - 6.481E9$$

$$(R^2 = 0.809, P = 0.003)$$

式中　S_2——C2 的 Score 值；

　　　S_3——C3 的 Score 值。

可以看出，相对于单组分线性回归，双组分线性回归显示出更好的拟合效果，其 R^2 值达到了 0.809，而单组分 C2 和 C3 分别为 0.786 和 0.542。因此，可以认为，C2 和 C3 在超滤膜不可逆污染形成过程中起到了协同的作用。然而，通过比较 C2 和 C3 与不可逆膜污染之间的相关性，可以判断 C2 对不可逆膜污染的贡献要明显高于 C3。进一步，采用 ANOVA 分析检验了上述多元线性回归模型中 C2 和 C3 回归系数的显著性。经计算，C2 回归系数的 P 值为 0.017（<0.05），证明了该模型参数的显著性。而 C3 的回归系数 P 值是 0.222（>0.05），因此并不能认为其在模型中具有显著性意义。该分析结果进一步加深了前面的讨论。

因为两种蛋白质类物质 C2 和 C4 彼此之间没有关联性（图 2-33（b）），接下来同时考虑 C2、C3 和 C4，进行了多元线性回归分析。

$$DR\text{-}R_{irr} = 3.311E6 \times S_2 + 0.944E5 \times S_3 - 1.674E6 \times S_4$$

$$-6.148E9 \quad (R^2 = 0.892, P = 0.002)$$

式中　S_2——C2 的 Score 值；

　　　S_3——C3 的 Score 值；

　　　S_4——C4 的 Score 值。

可以看出，当多元线性回归模型中包含 C4 时，可以获得更高的 R^2 值（0.892），但发现 C4 的模型系数是负值。因此，不能判定 C4 与 C2 和 C3 在超滤膜不可逆膜污染中产生了协同效应。同时，ANOVA 分析表明，只有 C2 的回归系数具有"显著性"意义（$P=$ 0.004，<0.05），而 C3 和 C4 的 P 值分别达到了 0.785 和 0.065。仍需进行进一步的研究以阐明不同荧光物质的具体效应（如 C4）以及它们在超滤过程膜污染过程中的相互作用。

本节采用取自不同水样不同季节的 9 个水样开展多循环超滤实验，对造成超滤膜不可逆污染的主要污染物组分进行了系统识别与分析，可以得出以下结论：①随着原水中 NOM 综合性指标 DOC 和 UV_{254} 的增大，超滤膜往往可以取得更高的 NOM 去除效率，同时也伴随着膜不可逆污染增长速率的增加；②采用 EEM 平行因子分析方法，在 9 个原水水样中共识别出 4 种荧光组分，即微生物源腐殖质类物质 C1，色氨酸类蛋白质 C2，陆源腐殖质类物质 C3，和络氨酸类蛋白质 C4；③色氨酸类蛋白质 C2 与超滤膜不可逆污染之间呈现出强相关性（$R^2=0.786$），但络氨酸类蛋白质 C4 则与不可逆膜污染之间并未表现出相关关系；微生物腐殖质 C1 和陆源腐殖质 C3 与超滤膜不可逆污染之间具有一定的弱相关关系，$R^2=0.786$ 分别为 0.301 和 0.542；④多元线性回归分析结果表明，C2 和 C3 在超滤膜不可逆污染形成中具有协同作用，从两者的回归系数可以看出，C2 对不可逆膜污染的贡献要明显大于 C3。

第3章 超滤膜污染机理

超滤膜有机污染主要由水中天然有机物（NOM）引起，如第 2 章所述，超滤膜污染程度既与 NOM 的物理特性有关，也与其化学特性有关。在超滤膜污染机理的研究中，基于分子量分布的膜污染行为解析得到了普遍采用。有机物分子量的不同会对膜通量下降产生影响，在超滤过程中，小分子污染物会吸附在膜孔上，导致膜孔堵塞，大分子有机物则会覆盖膜孔，形成滤饼层。同时，不同分子量 NOM 之所以会导致不同的超滤膜污染行为，除其与膜孔的相对尺度效应外，不同分子量级的 NOM 往往也具有不同的化学特性，如亲疏水性、荧光组分等的差异。因此 NOM 分子量级对超滤膜的影响是由其物理和化学特性的综合差异所造成的。系统评价不同分子量有机物对可逆污染和不可逆污染的影响规律对深入理解超滤膜的污染机理具有重要意义。

本章对天然水源中的 NOM 进行了分子量分级，将天然有机物划分为 4 个组分：<5kDa，5～30kDa，30～100kDa，100kDa～0.45μm。与未分级 NOM 对比研究，考察了不同级分 NOM 的超滤膜行为与机理。除综合采用了扫描电镜分析、傅里叶红外光谱、X射线光电子能谱、三维荧光-平行因子法法分析等多种表征技术之外，研究中还尝试利用原子力显微镜技术（Atomic Force Microscope Technique，AFM）和耗散型石英晶体微天平技术（Dissipative quartz crystal microbalance Technology，QCM-D）两种重要的微观界面表征手段，以更加深刻地理解膜污染机理。

此外，考虑到单价、双价阳离子和颗粒性物质是自然水体中广泛存在的物质之一，本章也系统地研究了阳离子对天然有机物超滤膜污染的影响规律，以及各种 NOM 组分与不同尺度、浓度无机颗粒的复合超滤膜污染效应。

3.1 水中不同分子量 NOM 组分的超滤膜污染机理

3.1.1 原水水质与预处理方法

实验用原水取自松花江北十四道街段，用 $0.45\mu m$ 微孔滤膜对原水进行抽滤，去除水中悬浮性颗粒物质及部分微生物，抽滤后水样的水质指标如表 3-1 所示。接下来，采用反渗透（RO）装置对水样进行浓缩，浓缩倍数为 20 倍。采用超滤膜平行过滤法对浓缩后水样中的溶解性有机物进行分子量分级，依次用 100kDa、30kDa、5kDa 的再生纤维素超滤膜过滤浓缩后江水。最后，再用 100～500Da 透析袋去除水样中的浓缩离子以得到较纯净的溶解性天然有机物样品。透析时间短时，透析不充分；时间过长时，离子去除率增量不大，但 DOC 泄漏量显著增大，因此确定透析时间为 1d。图 3-1 绘出透析前后不同分子量溶解性有机物含量。

江水预过滤后水样的水质指标　　　　表 3-1

pH	Zeta 电位 (mV)	电导率 (uS/cm)	浊度 (NTU)	DOC(mg/L)	UV$_{254}$(cm^{-1})	SUVA [L/(mg·cm)]
7.15	−12.6	237	0.202	5.8	0.119	0.0170

常见阳离子浓度(mg/L)				常见阴离子浓度(mg/L)			
K$^+$	Ca$^+$	Na$^+$	Mg^{2+}	F$^-$	Cl$^-$	SO$_4^{2-}$	NO$_3^-$
3.42	28.03	15.12	4.86	0.31	8.89	17.28	4.60

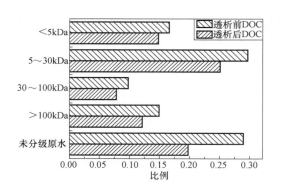

图 3-1　透析前后天然有机物各分子量区间的比例

表 3-2 列出了不同分子量组分透析前后 DOC 浓度和阳离子含量的变化。由表可以看出，各分子量组分中 K$^+$、Na$^+$ 透析较为干净，去除率约在 89%～98% 之间，而 Ca^{2+}、Mg^{2+} 的透析去除率相对较小，主要在 60%～70% 左右。DOC 的透析泄漏量从小到大依次是：<5kDa、5～30kDa、>100kDa 和 30～100kDa，泄漏率均在 11%～20% 之间。未分级原水溶解性天然有机物样品，透析过程中 DOC、K$^+$、Na$^+$、Ca^{2+}、Mg^{2+} 的去除率最大，这可能与不同分子量区间有机物的相互影响以及阳离子与 NOM 的相互作用有关。

透析前后不同分子量区间有机物的 DOC 和阳离子浓度（mg/L）　　　表 3-2

分子量(kDa)	内容	DOC	K$^+$	Ca^{2+}	Na$^+$	Mg^{2+}
未分级原水	透析前	88.02	77.40	365.22	419.64	104.28
	透析后	60.55	1.25	55.74	9.95	15.37
	去除率(%)	31.21	98.39	84.74	97.63	85.26
<5	透析前	50.92	26.05	134.22	144.24	43.21
	透析后	45.08	2.10	43.37	13.52	14.24
	去除率(%)	11.47	91.94	67.69	90.63	67.05
5～30	透析前	90.90	18.76	106.74	102.72	32.95
	透析后	76.51	1.67	40.64	11.46	11.64
	去除率(%)	15.83	91.10	61.93	88.84	64.68
30～100	透析前	29.94	23.87	124.62	126.78	35.65
	透析后	24.01	0.87	34.71	7.86	8.79
	去除率(%)	19.81	96.35	72.15	93.80	75.34
>100	透析前	45.36	26.49	137.94	138.96	39.04
	透析后	37.03	2.25	43.98	14.44	11.91
	去除率(%)	18.36	91.51	68.12	89.61	69.49

未分级原水：0.45μm 滤膜滤出液经反渗透装置体积浓缩 20 倍且并未分级的值。

为了探究不同分子量 NOM 对超滤膜污染的影响，分别对以上 5 种 NOM 进行稀释，控制 DOC 浓度为 6mg/L，然后在相同的进水 DOC 浓度下开展超滤膜污染实验，记作第 1 组实验。同时为考察地表水常见阳离子如 Na^+、Mg^{2+} 对膜污染的影响，结合透析后 NOM 水样的实际情况，分别控制水样中 Na^+ 浓度为 15mg/L，Ca^{2+} 浓度为 28mg/L，以模拟实际松花江水中 Na^+、Ca^{2+} 含量，记作第 2 组和第 3 组实验。这 3 组膜污染实验水样的水质指标如表 3-3 所示。其中，比紫外吸收值（SUVA）是 UV_{254} 与 DOC 的比值，反映水中不饱和双键或芳香环有机物的相对含量及有机物的亲疏水特性，疏水性强的有机物不饱和度越高，在波长为 254nm 的紫外光照射下有较明显的紫外吸收。

相同浓度不同分子量天然有机物膜污染实验原水的水质指标 表 3-3

组别	分子量(kDa)	PH	Zeta 电位（mV）	DOC(mg/L)	UV_{254}(cm^{-1})	SUVA [L/(mg·cm)]
NOM	<5	6.55	−7.73	6.0	0.101	0.0168
	5~30	6.64	−8.08	6.0	0.143	0.0238
	30~100	6.69	−8.51	6.0	0.128	0.0213
	>100	6.75	−10.73	6.0	0.139	0.0232
	未分级原水	6.80	−11.67	6.0	0.130	0.0217
NOM+ NaCl	<5	6.59	−10.57	6.0	0.095	0.0158
	5~30	7.60	−10.66	6.0	0.146	0.0243
	30~100	7.18	−13.83	6.0	0.134	0.0223
	>100	7.28	−13.9	6.0	0.130	0.0217
	未分级原水	7.27	−14.53	6.0	0.113	0.0188
NOM+ CaCl$_2$	<5	5.99	−6.89	6.0	0.438	0.0730
	5~30	6.36	−8.02	6.0	0.446	0.0743
	30~100	6.61	−8.13	6.0	0.203	0.0338
	>100	6.79	−8.56	6.0	0.130	0.0217
	未分级原水	6.72	−8.79	6.0	0.124	0.0207

可以发现，不同分子量 NOM 的 SUVA 值从小到大依次是：<5kDa、30~100kDa、>100kDa 和 5~30kDa，即 5~30kDa 分子量区间的 NOM 组分疏水性最强，>100kDa 和 30~100kDa 次之，而小于 5kDa 分子量区间有机物疏水性最弱，亲水性物质相对最多。加入 Na^+ 时，小于 5Da、大于 100kDa 和 unfractioned 组分中有机物的 SUVA 值略有减小，5~30kDa、30~100kDa 分子量区间 SUVA 值略有增大。当加入 Ca^{2+} 时，<5kDa、5~30kDa 和 30~100kDa 分子量区间 SUVA 值明显增大，>100kDa 的 SUVA 值略有减小。由此可以看出，Na^+、Ca^{2+} 的存在使得 5~30kDa、30~100kDa 分子量有机物疏水性增大，使得大于 100kDa 有机物亲水性略有增加；对于小于 5kDa 分子量的有机物，加入 Na^+ 时亲水性略增加，加入 Ca^{2+} 时疏水性大大增加；对未分级原水有机物综合表现为亲水性略有增加。结合上述透析实验结果，可以推测，5~30kDa 分子量区间有机物与 Na^+、Ca^{2+} 等阳离子最易结合且难脱除，使得有机物疏水性增加；小于 5kDa 有机物次之；30~100kDa 有机物结合容易但脱除也较容易；而 >100kDa 组分与 Na^+、Ca^{2+} 之间的相互作用对有机物的性质影响相对较小。

采用原子力显微镜技术（AFM）测定不同分子量 NOM 与超滤膜之间作用力，控制水样 DOC 浓度为 50mg/L，pH 调节至 7.0±0.1。若透析后某种分子量有机物 DOC 浓度未达到 AFM 实验要求，将其反复浓缩透析直到达标为止。同样，分别控制 Na^+ 浓度为 15mg/L，Ca^{2+} 浓度为 28mg/L，以探究 Na^+、Mg^{2+} 对不同分子量 NOM 膜污染影响。

3.1.2　膜污染情况分析

实验采用超滤膜死端过滤装置，相同温度下对不同分子量 NOM 水样进行膜污染实验，控制氮气压力为 0.1MPa，DOC 浓度为 6mg/L。超滤膜采用上海摩速公司的直径 76mm、有效面积为 45cm^2、截留分子量 100kDa 的聚醚砜（PES）平板超滤膜。新膜在使用前用 Milli-Q 水浸泡 48h，并且在 0.15MPa 压力下预压过滤约 1LMilli-Q 水，直到膜通量稳定，出水中 UV$_{254}$ 和 DOC 分别低于 0.004cm^{-1} 和 0.1mg/L 为止。测定 0.1MPa 压力下膜的通量作为初始纯水通量。

接着分别对含有不同分子量 NOM 水样作连续三周期膜污染实验，每次过滤时间约 10min，总过滤时间为 30min。每周期中过滤结束后依次进行正冲洗、反冲洗、纯水通量测定等步骤，接下来继续进行下一个周期的超滤实验。计算机自动记录过滤过程中的通量变化情况。每次过滤进水量为 400mL，为尽量减小干扰前 10mL 滤后液舍弃，直到滤前液过滤剩余约 50mL 为止。每次超滤实验的浓缩因子取为 7∶1。不同分子量、含 Na^+、含 Ca^{2+} 条件下，超滤比通量随过滤累积体积的变化曲线如图 3-2 和图 3-3 所示。

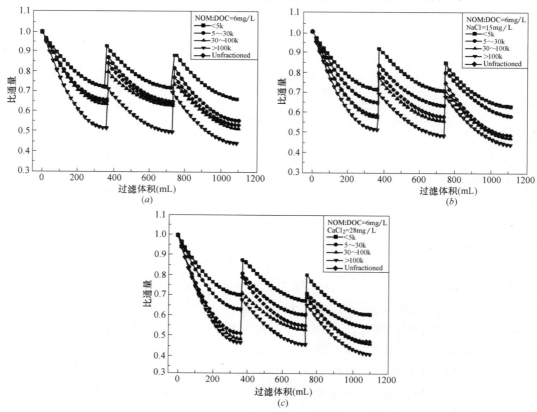

图 3-2　常见离子条件 NOM 膜污染曲线比较

（a）NOM；（b）NOM＋15mg/L NaCl；（c）NOM＋28mg/L CaCl$_2$

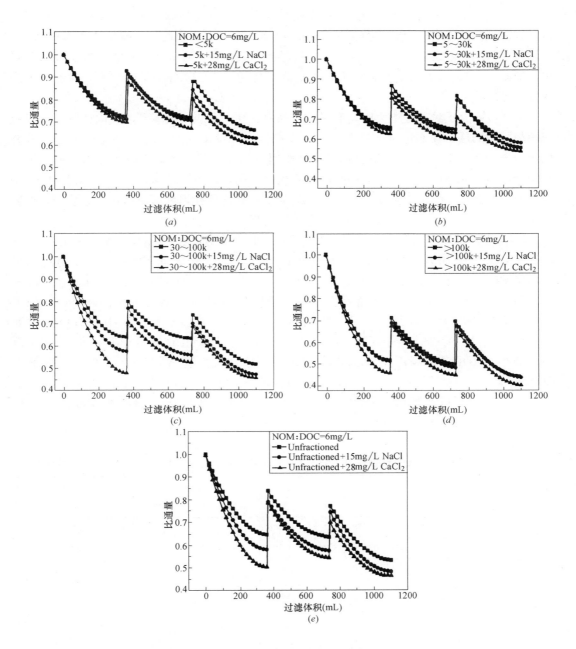

图 3-3 常见离子条件下 NOM 膜污染曲线的比较

(*a*) <5kDa；(*b*) 5～30kDa；(*c*) 30～100kDa；(*d*) >100kDa；(*e*) 未分级原水

在控制相同 pH 和 DOC 浓度的条件下，当 NOM 分子量组分由<5kDa、5～30kDa、30～100kDa、>100kDa 和未分级原水溶解性有机物变化时，超滤膜通量衰减率依次为 33.7%、44.4%、48.4%、55.7%和 46.6%。可以看出，NOM 分子量对超滤膜污染的影响规律非常明显，即分子量越大，其造成的超滤膜通量下降越快。这与本书 2.1 节的结论一致，即超滤膜污染主要由大分子有机物所造成。由当向这五种不同分子量 NOM 水样加入 15mg/L NaCl 时，PES 膜通量衰减率分别为 37.3%、42.0%、52.8%、56.2% 和 51.5%。当向这 5 种 NOM 组分添加 28mg/LCaCl$_2$时，PES 膜通量衰减率依次为 39.9%、46.2%、54.4%、59.8%和 53.4%。可见，加入 Ca^{2+} 时膜通量下降速度比加入 Na$^+$ 时要快，即 Ca^{2+} 对超滤膜污染的影响比 Na$^+$ 更大，且随着 NOM 分子量的增大，膜通量下降速度明显增快。

当 NOM 分子量逐渐增大时，有机物逐渐由膜孔内壁吸附发展到膜表面截留，形成致密的凝胶污染层，膜通量显著减小。当加入 Na$^+$ 时，带正电的 Na$^+$ 与负电性的溶解性有机物分子和呈负电性的 PES 超滤膜因静电作用而相互吸引，降低 NOM 分子与超滤膜之间的排斥力，使 NOM 更容易在膜孔内和膜表面沉积，加重膜污染。Ca^{2+} 可与水中 NOM 分子通过架桥作用形成大分子络合物，沉淀累积在超滤膜孔道内部或富集在膜表面，形成密实的凝胶或泥饼层，使膜通量出现明显下降趋势。

连续三次超滤实验之后膜的可逆污染、不可逆污染可通过膜比通量（J/J$_0$）的变化表示，其结果如表 3-4 所示。从表中可以看出，不同分子量 NOM 所造成的超滤膜总污染和不可逆污染从小到大依次是：<5kDa、5～30kDa、unfractioned、30～100kDa 和>100kDa。可见，超滤膜总污染程度和不可逆污染所占比例随 NOM 分子量增大而逐渐增大，即大分子量有机物对超滤膜总污染和不可逆污染具有更加重要的作用。此外，添加 Na$^+$、Ca^{2+} 离子之后，各个 NOM 组分的可逆膜污染所占比例逐渐减小，不可逆污染所占比例相应增加，且增加幅度随外加阳离子的荷电数增大而逐渐增大。由此可知，Na$^+$、Ca^{2+} 的存在能加剧膜污染严重程度，尤其是可明显增加超滤膜的不可逆膜污染程度，且双价 Ca^{2+} 的影响更显著，给超滤膜清洗与膜通量恢复带来更大难度。

超滤过程中膜污染导致的通量下降情况（J/J$_0$）　　　　　表 3-4

组别	内容	<5kDa		5～30kDa		30～100kDa		>100kDa		Unfractioned	
		数值	比例	数值	比例	数值	比例	数值	比例	数值	比例
NOM	可逆污染	0.193	0.573	0.220	0.495	0.185	0.382	0.194	0.348	0.217	0.466
	不可逆污染	0.143	0.426	0.224	0.504	0.299	0.619	0.363	0.652	0.249	0.535
	总污染	0.337	1.000	0.444	1.000	0.484	1.000	0.557	1.000	0.466	1.000
NOM+NaCl	可逆污染	0.186	0.499	0.189	0.450	0.196	0.371	0.177	0.315	0.219	0.425
	不可逆污染	0.187	0.501	0.231	0.550	0.332	0.629	0.385	0.685	0.296	0.575
	总污染	0.373	1.000	0.420	1.000	0.528	1.000	0.562	1.000	0.515	1.000
NOM+CaCl$_2$	可逆污染	0.152	0.381	0.084	0.182	0.060	0.110	0.047	0.079	0.061	0.114
	不可逆污染	0.247	0.619	0.378	0.818	0.484	0.890	0.551	0.921	0.473	0.886
	总污染	0.399	1.000	0.462	1.000	0.544	1.000	0.598	1.000	0.534	1.000

3.1.3　不同分子量 NOM 组分与超滤膜之间的微观界面相互作用力研究

本实验采用原子力显微镜技术（AFM）对不同分子量的 NOM 组分与截留分子量为 100kDa 的 PES 超滤膜之间的黏附力（F）进行测定。黏附力是将粘附于膜表面的有机污染物移离膜表面时所需要的作用力，是分子间静电力、范德华力、双电层力等物理化学作用的综合体现。在数据分析中，为避免因胶体探针尺寸不同而对实验结果造成影响，将测得的黏附力除以胶体探针颗粒的半径（F/R）作为衡量的基准数值。

黏附力测定实验采用液相接触模式，在 25℃ Milli-Q 水中进行测定，将已在 Milli-Q 水中浸泡 48h 的超滤膜裁剪成若干 5mm×5mm 的小膜片，挑选其中表面光滑、形貌较好的膜样品置于盛有 Milli-Q 水的流动池底部，控制各个 NOM 组分水样的 DOC 浓度为 50mg/L，调节 pH 为 7.0±0.1。为了减小误差，每个样品在至少 15 个不同位置进行黏附力的测定，每个位置至少获得 16 个值。探针使用前后在显微镜下进行完整性检测以保证测样的准确性。图 3-4 所示是＜5kDa、5k～30kDa、30k～100kDa、＞100kDa 及未分级样品有机物与超滤膜之间典型黏附力曲线及相应黏附力概率分布图。

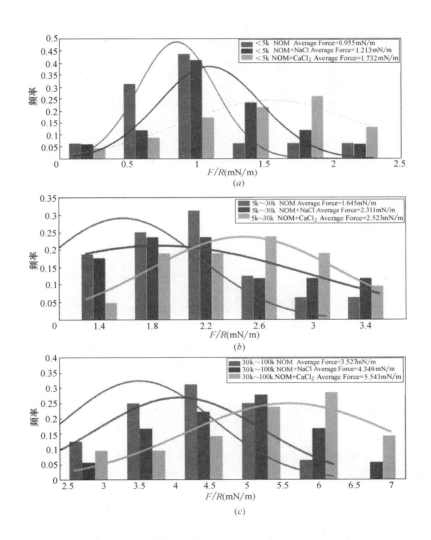

图 3-4 不同分子量 NOM 与膜之间相互黏附力曲线图与平均黏附力情况（一）

（a）＜5kDa；（b）5～30kDa；（c）30～100kDa

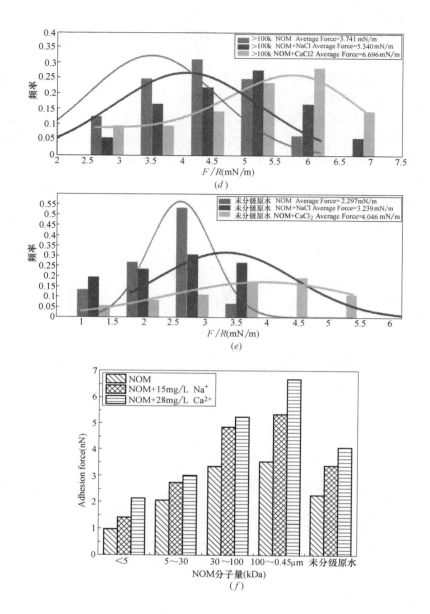

图 3-4　不同分子量 NOM 与膜之间相互黏附力曲线图与平均黏附力情况（二）

(d) >100kDa；(e) Unfractioned；(f) 平均黏附力情况

在 pH 为 7.0、NOM 为 50mg/L 条件下，对于<5kDa、5～30kDa、30～100kDa、>100kDa 及未分级原水这 5 个 NOM 分子量组分，PES 膜与 NOM 之间的平均黏附力分别为 0.994、2.065、3.350、3.540 和 2.277mN/m。可见，当 NOM 分子量逐渐增大时，其与超滤膜之间的界面黏附力也随之增大。该趋势与不同 NOM 组分所造成超滤膜污染，尤其是不可逆膜污染的趋势相同，即大分子量有机物与膜界面之间的黏附力更大，因此易于在膜界面沉积，且难于脱附，因此造成更加严重的膜污染，尤其是不可逆膜污染。

当在 5 种不同分子量的 NOM 组分中添加 15mg/L NaCl 时，PES 膜与 NOM 之间平均黏附力分别为 1.419mN/m、2.755mN/m、4.848mN/m、5.340mN/m 和 3.388mN/m；当添加 28mg/L CaCl$_2$ 时，PES 膜与 NOM 之间的平均黏附力则分别增长到 2.128mN/m、3.007mN/m、5.244mN/m、6.696mN/m 和 4.046mN/m。很显然，在水样中添加阳离子之后，膜与 NOM 之间的黏附作用明显增强，且随着阳离子荷电数的增加，黏附力增大幅度越高。这可能是因为水中 NOM 分子带负电，随着溶液中阳离子浓度的增加，NOM 分子上的负电荷受到屏蔽，导致其与超滤膜之间的静电排斥力减弱，因此两者之间的黏附力表现出增大的趋势。此外，有文献表明，双价 Ca^{2+} 离子可在 NOM 分子之间、NOM 分子与膜之间起到架桥络合的作用，一方面中和 NOM 的负电荷，并将 NOM 分子相互胶联，形成更大的分子结构或聚集体；另一方面 Ca^{2+} 离子还可通过架桥络合等方式将 NOM 分子直接"固定"在超滤膜界面之上，从而显著增加 NOM 与超滤膜之间的黏附力。阳离子加入后导致 NOM 与超滤膜之间的黏附力增大，使得 NOM 难于通过扩散等方式从膜上脱离，从而加剧了膜通量的下降，使得膜污染问题更加严重。

3.1.4 不同分子量 NOM 组分在超滤膜表面的吸附/脱附特性

NOM 在超滤膜界面的吸附是造成超滤膜初期污染的关键，并显著影响后续可逆/不可逆污染的发展。为研究不同分子量 NOM 及 Na$^+$、Ca^{2+} 对超滤膜污染行为的影响机制，研究中利用耗散型石英微天平技术（QCM-D）考察了 NOM 在 PES 膜表面的吸附/解析动态变化特性。控制 NOM 水样 DOC 为 6mg/L，配制浓度为 0.01M 的 Tris-HCl 溶液调节水样的 pH 为 7.5±0.1，观察不同分子量 NOM 在 PES 膜表面的界面沉积行为及相应 NOM 吸附层结构变化特征。实验中所用的 NOM 水样 Zeta 电位情况如表 3-5 所示。

QCM-D 实验水样 Zeta 电位情况（pH＝7.5） 表 3-5

组别	<5kDa	5～30kDa	30～100kDa	>100kDa	未分级样品
NOM	−8.14	−7.09	−6.01	−5.69	−14.23
NOM＋NaCl	−7.08	−6.50	−5.81	−5.24	−9.91
NOM＋CaCl$_2$	−6.97	−5.44	−5.29	−5.04	−7.42

注：pH7.5 Tris-HCl 溶液 Zeta 电位为 4.42mV。

实验中首先将 PES 膜修饰在金芯片之上，实时监测 PES 膜表面对不同离子条件下、不同分子量 NOM 组分的吸附与解吸附过程。选取受外界干扰较小、现象清晰明显的第 3 倍频下观察并探究 PES 芯片频率（ΔF）和耗散（ΔD）曲线变化规律，如图 3-5 所示。其中 ΔF 可代表 NOM 在芯片表面的吸附量，而 ΔD 代表由此对芯片造成的额外能耗量。

本实验可分为 A 和 B 两个阶段，分别代表吸附阶段和解吸附阶段。首先通入空气 15min 以检测芯片的可用性和稳定性，待空气基线稳定后注入 Milli-Q 水 10min 以清洗管路，接着注入 pH＝7.5 的 Tris 缓冲溶液以获得较为稳定的基线。当芯片频率和耗散趋于稳定后，进入 A 阶段，即分别注入不同离子条件、不同分子量 NOM 水样进行 NOM 与超滤膜表面间的吸附实验。芯片的频率及耗散随着 NOM 在 PES 表面的吸附累积而不断发生变化直到达到平衡。接下来，继续通入相同浓度的 Tris 缓冲溶液进行有机物与膜之间的解吸附实验，即进入 B 阶段。

从图 3-5 可以看出，A 阶段吸附过程中，当加入不同分子量 NOM 后，ΔF、ΔD 皆先快速增大随后逐渐趋于稳定饱和状态；B 阶段解吸附过程中，ΔF、ΔD 皆先减小随后逐渐

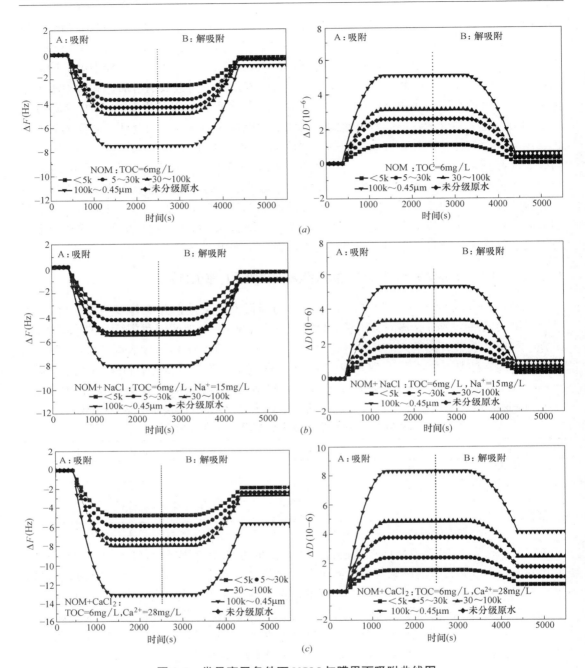

图3-5 常见离子条件下NOM与膜界面吸附曲线图

(a) NOM；(b) NOM+15mg/LNaCl；(c) NOM+28mg/LCaCl₂

趋于稳定。同时可以看到在吸附阶段，不同分子量NOM的ΔF、ΔD变化量从小到大依次为：<5kDa、5~30kDa、未分级原水、30~100kDa、>100kDa，其变化规律与上节所述的界面黏附力测定结果相符合，由此可以推测大分子量NOM在超滤膜界面的吸附量要高于小分子量NOM。B阶段脱附实验中被Tris-HCl溶液带走的NOM可代表能够在超滤反冲洗中被去除的可逆污染物，而无法脱附的NOM则可代表不可逆污染部分。由图3-5

且可以发现，解吸附过程之后仍吸附于芯片上的有机物含量与吸附过程相对应，从少到多依次是：<5kDa、5～30kDa、Unfractioned、30～100kDa、>100kDa。当加入阳离子，尤其是双价 Ca^{2+} 离子时，膜表面与大分子量 NOM 之间的不可逆吸附作用增强。

表 3-6 列出 A 和 B 阶段 ΔD 与 ΔF 的比值 $|\Delta D/\Delta F|$，可用于判断超滤膜表面 NOM 吸附层的结构特征。通常认为，较低的 $|\Delta D/\Delta F|$ 值表示芯片表面吸附层呈密实刚性状态，相反，较大的 $|\Delta D/\Delta F|$ 值说明吸附层结构较为松散柔软。

不同离子条件、不同分子量 NOM 的 $|\Delta D/\Delta f|$ 值（单位：10^{-8}Hz） 表 3-6

组别	<5kDa		5～30kDa		30～100kDa		>100kDa		未分级样品	
	吸附	脱附	吸附	脱附	吸附	脱附	吸附	脱附	吸附	脱附
NOM	0.412	0.456	0.491	0.464	0.643	0.614	0.677	0.683	0.591	0.579
NOM+NaCl	0.393	0.347	0.436	0.457	0.631	0.613	0.665	0.638	0.474	0.475
NOM+CaCl₂	0.301	0.345	0.394	0.396	0.608	0.464	0.632	0.572	0.508	0.424

由表 3-6 可以看出，随着有机物分子量的增大，$|\Delta D/\Delta F|$ 值有所增大。这可能是由于小分子量 NOM 的分子尺度较小，分子之间互相紧密搭接，形成的污染层孔隙较小、结构较为密实；而大分子量 NOM 形成的污染层孔隙率大、结构较为疏松。未分级 NOM 水样中包含各个分子量区间有机物，因此膜上形成的污染层 $|\Delta D/\Delta F|$ 值介于大小分子量 NOM 之间。当 Na^+、Ca^{2+} 存在时，各个分子量 NOM 的 $|\Delta D/\Delta F|$ 值均呈现出明显减小的趋势，且加入双价 Ca^{2+} 的减小幅度大，可以推测阳离子尤其是高价阳离子可促进 NOM 分子与膜表面之间的微界面相互作用，使污染物与膜表面间的污染层更加厚实，使膜污染程度进一步加重。

3.1.5 不同分子量 NOM 污染后膜表面微观形貌特征

为了更加直观了解膜污染情况，采用扫描电镜技术（SEM）观察不同分子量 NOM 及其在 Na^+、Ca^{2+} 离子存在条件下污染后膜的表面形态，放大倍数为 10k，如图 3-6 所示。

接下来，采用原子力显微镜和接触角测量仪分别得到受污染膜的粗糙度和接触角。为了减少误差，每份污染膜测定 5 次，取其平均值作为最终结果，具体情况如表 3-7 所示。

图 3-6 污染膜扫描电镜图（一）

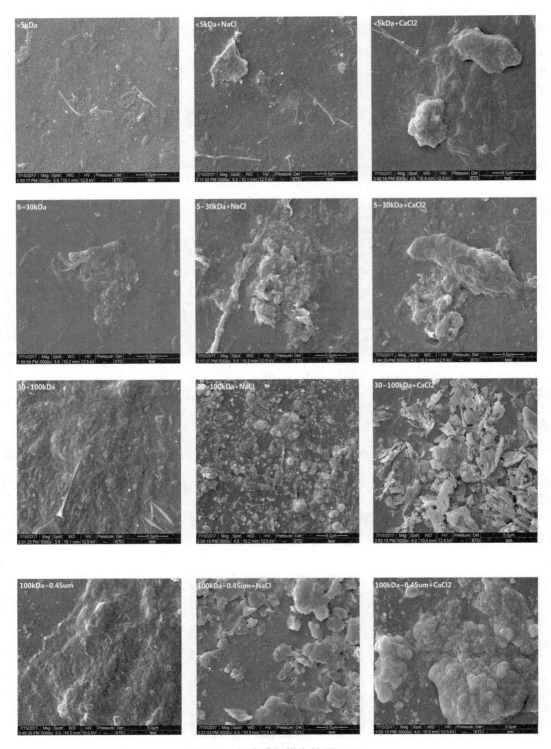

图 3-6　污染膜扫描电镜图（二）

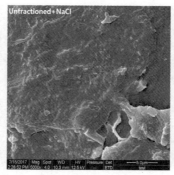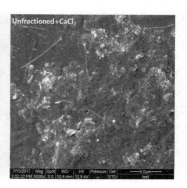

图 3-6　污染膜扫描电镜图（三）

NOM 污染膜的表面情况　　　　　　　　　　　　　　　　　表 3-7

组别	内容	<5kDa	5～30kDa	30～100kDa	>100kDa	未分级样品
NOM	粗糙度(μm)	18.74	21.91	22.88	27.61	35.50
	接触角(°)	77.70	74.14	72.51	71.53	73.49
NOM+NaCl	粗糙度(μm)	21.37	24.017	25.85	31.43	40.03
	接触角(°)	74.32	71.752	70.49	67.27	71.38
NOM+CaCl$_2$	粗糙度(μm)	25.20	26.385	27.28	38.34	41.34
	接触角(°)	76.35	72.462	71.60	68.20	72.29

注：新膜的粗糙度为 10.23μm，接触角为 $60.40°$。

分析图表所知，新膜表面光滑平展，无污染物堆积，而污染后的 PES 超滤膜则由于进水的 NOM 分子量大小以及所含离子情况的不同，膜表面污染物也呈现出不同的形貌。小分子 NOM 在膜表面形成的污染物较少，污染层较薄，这主要是由于小分子有机物可穿透膜孔进入到出水当中。随着分子量的增大，NOM 分子逐渐在膜表面形成较为严重的沉积，污染层逐渐变成致密、厚实。随着 NOM 分子量从<5kDa、5～30kDa、30～100kDa、>100kDa 递增，膜上截留的污染物明显增多，膜表面粗糙度增加，膜污染加重。

当 NOM 水样中引入 Na$^+$ 或 Ca^{2+} 离子时，膜污染相对于不加离子时变得更加严重，截留在超滤膜表面的污染物明显增多，污染层变得厚实且更加粗糙。对于 30～100kDa 分子量的有机物，在 Ca^{2+} 存在时污染物形态上由颗粒状转变为片状；而对于 >100kDa 的 NOM，膜表面污染物明显增大且形态转变为椭球形。由此可以推测，阳离子，尤其是高价阳离子与不同分子量 NOM 结合之后，使得 NOM 在结构上发生较大转变，污染物与超滤膜之间相互作用力大大增强，膜污染加重，这样的结果与上文实验结果相一致。

此外，由表 3-7 可见，当超滤膜受到不同分子量 NOM 的污染之后，膜表面接触角普遍增大。但相对而言，大分子量 NOM 污染后的超滤膜表面接触角要小于小分子量有机物，该发现从侧面证明大分子量有机物往往具有更强的亲水性。此外，加入 Na$^+$、Ca^{2+} 离子之后，污染膜的接触角与未加离子时相比均有所减小，间接证明 Na$^+$、Ca^{2+} 离子与 NOM 分子产生了相互作用并存在于 NOM 污染层当中，其水化作用导致了接触角的降低。

3.1.6　污染膜表面官能团分析

实验采用 ATR-FTIR 技术测定污染物官能团中化学键的振动能量，从而分析膜表面污染物的化学结构特征。首先取不同分子量 NOM 溶液，冷冻干燥得到 5mg 不同分子量 NOM 固体颗粒，并对其作固体红外透过光谱测试，其结果如图 3-7 所示。

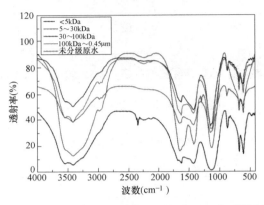

图 3-7　不同分子量 NOM 的红外光谱图（书后附彩图）

这五种 NOM 样品红外光谱出峰的数量及相对位置基本一致，主要光谱峰位于：$3415cm^{-1}$、$2442cm^{-1}$、$1647cm^{-1}$、$1425cm^{-1}$、$1134cm^{-1}$、$863cm^{-1}$ 和 $670cm^{-1}$。通过与文献对比可知，$3415cm^{-1}$（羧基中的—OH）、$1134cm^{-1}$（C—O）这两处基团可代表 HA 类或多糖类物质；$1647cm^{-1}$（酰胺中的 C＝O）、$1425cm^{-1}$（胺基中的-NH）这两处基团可代表蛋白质或类蛋白质物质，$2442cm^{-1}$（炔烃中的 C≡C）、$670cm^{-1}$（炔烃类≡C—H 弯面外）这两处基团可代表不饱和有机物。

将不同分子量 NOM 污染膜的红外光谱与新膜对比，可对污染物的官能团特征进行定性分析，如图 3-8 所示。

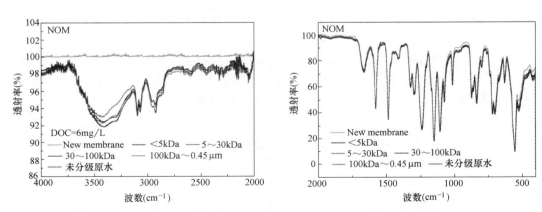

图 3-8　不同分子量 NOM 污染 PES 超滤膜表面红外光谱图（书后附彩图）

由图可以看出，NOM 污染之后，膜表面光谱峰主要在 $3415cm^{-1}$、$2442cm^{-1}$、$1647cm^{-1}$、$1134cm^{-1}$ 处发生变化。其中，波长 $3415cm^{-1}$（羧基中的—OH）处的红外透光率从低到高依次是 $100kDa\sim0.45\mu m$、$30\sim100kDa$、未分级原水、$5\sim30kDa$ 和

<5kDa，推测膜表面 HA 类或多糖类物质的含量随着 NOM 分子量的增大而增大，从少到多依次是：<5kDa、5~30kDa、Unfractioned、30~100kDa 和 100kDa~0.45μm。波长 2442cm^{-1}（炔烃中的 C≡C）处的红外透光率从低到高依次是 100kDa~0.45μm、30~100kDa、Unfractioned、<5kDa 和 5~30kDa，据此推测大分子量 NOM（100kDa~0.45μm、30~100kDa）中不饱和有机物的含量相对较多，而小分子量 NOM（<5kDa、5~30kDa）中不饱和有机物含量相对较少。

同时，波长 1647cm^{-1}（酰胺中的 C=O）处的光谱峰值也略有变化，透光率从低到高依次是：100kDa~0.45μm、30~100kDa、5~30kDa、<5kDa。波长 1425cm^{-1}（胺基中的-NH）处的透光率从低到高依次是：30~100kDa、100kDa~0.45μm、5~30kDa、<5kDa。结合这两处峰值可以推测，100kDa~0.45μm、30~100kDa 分子量区间内的蛋白质含量相对于 5~30kDa、<5kDa 区间要多。

不同阳离子条件下受污染膜的红外光谱如图 3-9 所示。当 Na$^+$ 存在时，不同分子量 NOM 污染膜在 3415cm^{-1}（羧基中的—OH）处的透光率均有所提高，其中对<5kDa、5~30kDa、30~100kDa 分子量区间影响较为显著，而对 100kDa~0.45μm 区间影响较小。由此推测 Na$^+$ 与 NOM 水样中 3415cm^{-1} 处所代表的 HA 类或多糖类物质发生了反应，导致其结构或性状发生变化，使得其在膜表面污染层中含量减少。同时，不同分子量 NOM 污染膜在 2442cm^{-1}（炔烃中的 C≡C）处的透光率显著减小，可以推测 Na$^+$ 的加入使得膜污染层中不饱和有机物含量有所增加，且对 5~30kDa 影响最大，30~100kDa 次之，但对分子量<5kDa 和 100kDa~0.45μm 的 NOM 影响较小。此外，波长 1134cm^{-1}（C—O）附近的透光率也稍有降低，可以推测该处所代表的 HA 类或多糖类物质与 Na$^+$ 发生反应导致其在膜表面含量有所增加。

当引入 Ca^{2+} 时，分子量<5kDa 的 NOM 污染膜表面在 3095cm^{-1} 处红外透光率减小，但 5~30kDa、30~100kDa、100kDa~0.45μm 和 Unfractioned NOM 的透光率却显著增大，由此推测 Ca^{2+} 与 HA 类或多糖类物质反应，使得该类物质在 5~30kDa、30~100kDa、100kDa~0.45μm 分子量区间和 Unfractioned NOM 污染膜表面的含量显著减小，但却使得<5kDa 的 NOM 污染膜表面含量有所增加。波长 2442cm^{-1}（炔烃中的 C≡C）处的红外透光率从低到高依次是 100kDa~0.45μm、30~100kDa、<5kDa 和 5~30kDa，Ca^{2+} 的影响比 Na$^+$ 更大。同时，1647cm^{-1} 和 1425cm^{-1} 这两处透光率也有所降

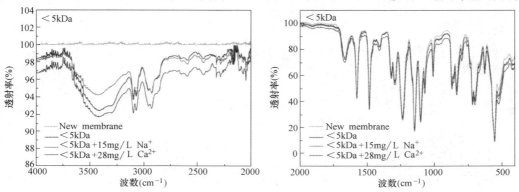

图 3-9　阳离子存在时受污染膜表面红外光谱图（书后附彩图）（一）

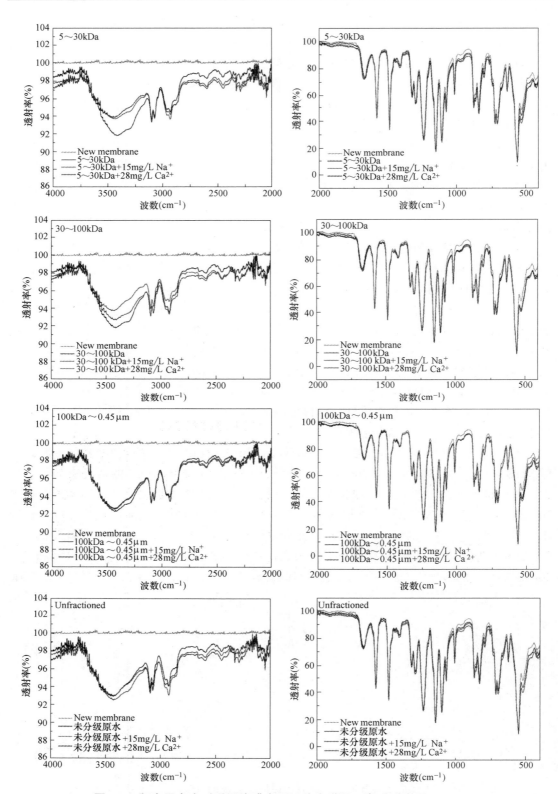

图 3-9 阳离子存在时受污染膜表面红外光谱图（书后附彩图）（二）

低，推测 Ca^{2+} 的引入导致 NOM 中蛋白质含量增加，且在不同分子量 NOM 区间内增加率从大到小依次是 $<5kDa$、$5\sim30kDa$、$30\sim100kDa$、$100kDa\sim0.45\mu m$。

综合红外分析结果可知，超滤膜上所截留的 HA 类或多糖类物质含量随着 NOM 分子量增大而增多；大分子 NOM（$30\sim100kDa$、$100kDa\sim0.45\mu m$）中不饱和有机物和蛋白类物质含量较多，小分子 NOM（$<5kDa$、$5\sim30kDa$）中则较少。Na^+ 导致膜上 HA 或多糖类物质含量的减少和不饱和有机物含量的增加；Ca^{2+} 导致膜上所截留的 HA 或多糖类物质含量进一步降低和蛋白质类物质含量的增加。从本书 3.1.2 节可知，Na^+ 和 Ca^{2+} 的加入导致了超滤膜不可逆污染的加剧，在本书 2.2 节和本书 2.3 节，已经证明蛋白类物质是造成超滤膜不可逆污染的主要有机物种，本部分研究再次验证了这一论断。

3.1.7　膜表面污染层的 XPS 分析

为验证红外光谱分析所得的结论，进一步对不同分子量 NOM 污染膜表面官能团进行光电子能谱（XPS）分析。以光电子的动能（eV）为横坐标，相对强度（脉冲/s）为纵坐标作光电子能谱图。

首先给出干净的聚醚砜（PES）超滤膜的化学结构式（图 3-10）和 XPS 谱图（图 3-11）。PES 主要由 $C=C$、$C-C$、$C-O$ 等官能团组成，分别占干净的膜表面碳元素总量的 76.50%、18.79% 和 4.70%，这与聚醚砜膜材料结构式相对应。

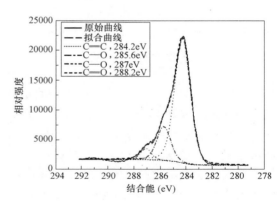

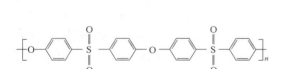

图 3-10　聚醚砜分子结构式　　　　图 3-11　新超滤膜 XPS 图

不同元素在污染膜 XPS 全谱图中的位置如图 3-12 所示。可以发现，污染膜表面主要含有 C、O、N、S、Na、Ca 等元素，其中 C、O、N 三种元素位置较为集中且相对强度较大，因此选用这三种元素进行拟合分析。首先以相对强度最大的 C、O 两种元素为研究对象，选择 $C-C$、$C=C$、$C-O$、$C=O$ 等四种官能团对新膜和受不同分子量 NOM 污染超滤膜进行 XPS 分析，并对不同分子量 NOM 污染膜表面 XPS 曲线进行拟合，根据文献确定这四种官能团的峰位置并利用 XPSPEAK 软件得到其单峰曲线。分子量 $<5kDa$ 的污染膜表面 XPS 拟合图形如图 3-13 所示，其他分子量 NOM 污染膜及其在 Na^+、Ca^{2+} 条件下的污染膜表面 XPS 曲线类似，此处不再罗列。表 3-8 列出拟合后四种官能团在不同分子量 NOM 污染膜表面的相对含量情况，相对含量是利用污染膜 XPS 拟合曲线中四种官能团单峰峰面积计算所得。

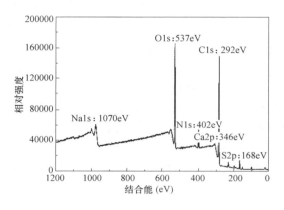

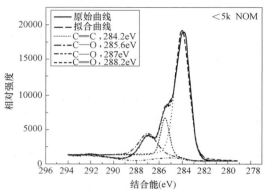

图 3-12　污染膜表面 XPS 全扫描谱图　　　图 3-13　分子量＜5kDa 污染膜表面 XPS 拟合曲线

可以看出，与新膜相比，不同分子量 NOM 污染后超滤膜表面 C＝O、C—O 官能团的相对含量增大，而 C＝C、C—C 含量减少，表明有机物黏附在超滤膜之上进而造成了膜污染。应当指出，新膜表面的 C＝C 官能团源于膜材料本身，而污染膜表面的 C＝C 官能团则主要源于膜表面沉积的有机污染物。具体来说，C＝C 在不同分子量 NOM 污染膜上的相对含量从少到多依次是：＜5kDa、5～30kDa、30～100kDa、100kDa～0.45μm。可以推测含 C＝C 不饱和键有机物的含量随着 NOM 的分子量增大而增大。同时，C＝O 和 C—O 官能团在 NOM 污染膜上的相对含量也随着 NOM 分子量的增大而增加，且 C＝O 的相对含量要明显高于 C—O。

当 Na$^+$、Ca^{2+} 存在时，C＝C 含量显著增加，C＝O 和 C—O 含量明显减少，推测 Na$^+$、Ca^{2+} 可能与 NOM 分子中不同官能团发生不同类型的反应，导致其结构和性质上发生转变，造成含 C＝O、C—O 等官能团的有机物在膜表面污染层中含量减少，但含 C＝C 不饱和键的有机物含量增多，从而使超滤膜与污染物结合更加紧密，膜污染尤其是不可逆膜污染加重。进一步可以发现，Ca^{2+} 存在时比 Na$^+$ 存在时对膜表面有机污染物的综合影响更显著，由此推测这种作用与阳离子的带电荷数有关，带电荷数越多，阳离子与膜污染物之间的相互作用越强，从而使得膜污染更加严重。

同样地，用 C—N、C＝N、—NH、—NO$_2$ 等蛋白质典型官能团对污染膜进行分析，但无法获得有效规律，因而对蛋白类物质的分析还需借助其他技术。

综上可以推测，受污染超滤膜表面含 C＝C、C＝O、C—O 等官能团的有机物含量随着 NOM 分子量的增大而增加；Na$^+$、Ca^{2+} 等阳离子可能与不同官能团发生不同反应，进而改变有机污染层结构和性质，大大提高了污染物与膜表面之间的连接能力，加重膜污染。

污染膜表面部分官能团相对含量情况（单位：%）　　　　表 3-8

组别	官能团	＜5kDa	5～30kDa	30～100kDa	＞100kDa	未分级样品
NOM	C＝C	47.49	47.70	51.55	52.27	58.26
	C—C	29.65	26.08	15.19	10.34	12.72
	C＝O	14.51	15.89	19.33	22.50	16.07
	C—O	8.35	10.33	13.93	14.89	12.95

续表

组别	官能团	<5kDa	5～30kDa	30～100kDa	>100kDa	未分级样品
NOM+ NaCl	C＝C	62.73	65.89	67.98	74.68	66.07
	C—C	19.81	15.82	12.01	3.20	13.27
	C＝O	10.22	10.83	11.00	11.35	12.81
	C—O	7.24	7.46	9.01	10.77	7.85
NOM+ CaCl$_2$	C＝C	66.98	69.31	78.98	83.38	71.19
	C—C	21.48	14.32	10.01	8.62	11.25
	C＝O	2.54	5.14	5.89	6.01	8.16
	C—O	9.00	11.23	5.12	1.99	7.55

3.1.8 不同分子量 NOM 组分中荧光物质分析

1. 荧光物质的定性分析

荧光特性物质是一类能在可见光或紫外光照射下产生荧光特性的物质，约占地表水体溶解性天然有机物的 60%～70%。本书中利用三维荧光光谱-平行因子法对不同分子量 NOM 组分中的荧光物质进行定性和半定量分析，并考察了其在 Na^+、Ca^{2+} 离子存在时的变化规律。三维荧光光谱测量采用日立 F7000 型分子荧光仪，设定激发波长为 220～450nm，发射波长为 250～550nm，扫描间隔分别为 5nm 和 1nm。以 DOC 为 6mg/L 的不同分子量 NOM 进行超滤实验，采集进水液、浓缩液、滤后液、正冲洗液及反冲洗液的三维荧光光谱数据，进行平行因子分析，获取水中的荧光特性物质信息。经验证，本研究中三组分模型通过了验证，三种荧光特性物质分别标记为 C1、C2、C3，每种物质的 EEM 等高线图谱如图 3-14 所示。通过与现有文献资料比较，C1 的激发波长 E_x 为 220～240nm、300～330nm，发射波长 E_m 为 390～430nm，属于微生物源腐殖质类物质；C2 的激发波长 E_x 为 235、290nm，发射波长 E_m 为 330～350nm，属于色氨酸类蛋白质；C3 的激发波长 E_x 为 250～280nm、370nm，发射波长 E_m 为 450～500nm，属于陆源腐殖质类物质。

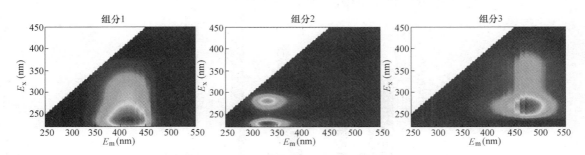

图 3-14 分峰后单组分荧光峰位图（书后附彩图）

2. 不同分子量 NOM 中荧光物质与超滤膜污染的相关性分析

采用平行因子分析方法得出的每种荧光物质的 Score 值与其荧光强度之间存在明显的线性关系，可用于表征该物质的相对浓度值。实验中三种荧光特性物质 C1、C2、C3 的 Score 值与对应最大荧光强度之间的关系如图 3-15 所示。

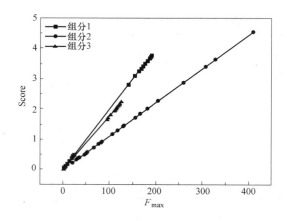

图 3-15　荧光物质 Score 值与其最大荧光峰强度的相关关系

利用荧光物质的 Score 值，计算不同分子量 NOM 的超滤原水、滤后水、反冲洗水中不同荧光物质相对浓度的分布情况，如图 3-16 所示。

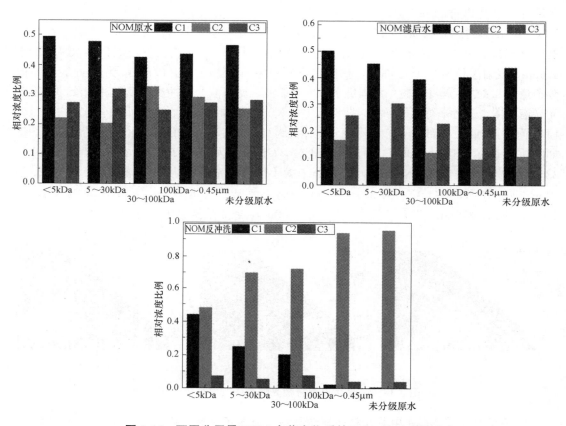

图 3-16　不同分子量 NOM 中荧光物质的 Score 值分布情况

由图 3-16 可以看出，相同 DOC 条件下（6mg/L），不同分子量 NOM 原水水样的荧光物质组成中，C1 相对含量最高，约占荧光特性物质总量的 45%～50%；C2 和 C3 约占总量的 20%～35%。五种分子量 NOM 的滤后水水样中，C1 的相对含量几乎不变，但 C2 和 C3 相对含量有所减小，尤其是 C2，相对浓度比例出现了明显的下降。而在反冲洗水样中，C2 成为各分子量区间的主要荧光物质，且随着分子量的增加，C2 的相对浓度比例也逐渐增加。

根据各荧光物质的 Score 值，计算其在超滤过程中的总截留率和不可逆截留率，如图 3-17 所示。可以发现，C2 在超滤膜上的总截留率和不可逆截留率均远远大于 C1 和 C3。随着 NOM 分子量的增大，C2 在膜上的总截留率也逐渐增大。但是，C2 在超滤膜上的不可逆截留率随 NOM 分子量的增大呈现出先增大后减小的趋势，即在 30～100kDa 区间内 C2 的不可逆截留率最高。与此相反，C1 和 C3 两种腐殖质类物质在超滤膜上的截留率相对较小，且随 NOM 分子量的变化幅度较小。C2 代表色氨酸类蛋白质，在本书 2.3 节中已经判断色氨酸类蛋白质是造成超滤膜不可逆污染的主要物质，根据本部分研究的实验结果，可进一步判断色氨酸类蛋白质不仅是造成不可逆膜污染的主要物质，其对超滤膜的总膜污染也起到至关重要的作用。

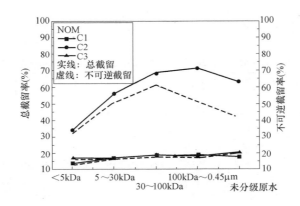

图 3-17 不同分子量 NOM 中荧光物质在超滤膜上的截留情况

3. 阳离子的影响

为探究常见阳离子对不同分子量 NOM 中荧光物质膜污染行为的影响，在不同分子量 NOM 分别加入 15mg/L Na^+ 离子和 28mg/L Ca^{2+} 离子，进而对超滤过程中的水样进行三维荧光光谱-平行因子分析。不同超滤水样中荧光物质 Score 值分布及其在超滤膜上的截留情况如表 3-9 和图 3-18、图 3-19 所示。

超滤过程三维荧光平行因子法 Score 值情况 表 3-9

分子量区间 (kDa)	内容	NOM			NOM+NaCl			NOM+CaCl₂		
		C1	C2	C3	C1	C2	C3	C1	C2	C3
<5	进水	3.374	1.457	1.793	0.985	0.617	0.457	1.521	0.723	0.709
	滤后水	3.323	0.905	1.647	0.945	0.563	0.224	1.448	0.362	0.645
	反冲洗水	0.173	1.289	0.029	0.053	0.013	0.383	0.137	0.411	0.026
	总截留率(%)	**13.820**	**45.643**	**19.667**	**16.018**	**20.157**	**57.064**	**16.678**	**56.190**	**20.387**
	不可逆截留率(%)	13.178	34.588	19.462	15.352	19.885	46.587	15.551	49.080	19.932

分子量区间 （kDa）	内容	NOM			NOM＋NaCl			NOM＋CaCl$_2$		
		C1	C2	C3	C1	C2	C3	C1	C2	C3
5～30	进水	3.065	1.296	2.039	0.877	0.710	0.428	1.371	0.651	0.839
	滤后水	2.904	0.653	1.937	0.827	0.648	0.288	1.260	0.253	0.757
	反冲洗水	0.172	1.179	0.038	0.071	0.011	0.250	0.036	0.376	0.026
	总截留率(%)	**17.104**	**55.899**	**16.878**	**17.556**	**20.180**	**41.053**	**19.602**	**65.989**	**21.089**
	不可逆截留率(%)	16.405	44.528	16.643	16.543	19.979	33.754	19.271	58.769	20.708
30～100	进水	3.735	2.866	2.161	1.080	0.766	0.502	1.483	0.956	0.802
	滤后水	3.469	0.846	2.004	0.189	0.012	0.170	1.326	0.256	0.669
	反冲洗水	0.434	4.544	0.166	0.194	0.008	0.479	0.270	0.000	0.271
	总截留率(%)	**18.738**	**74.190**	**18.864**	**84.686**	**98.652**	**70.403**	**21.774**	**76.569**	**27.047**
	不可逆截留率(%)	17.286	54.374	17.907	82.437	98.520	58.469	19.498	76.569	22.825
>100	进水	3.385	2.253	2.103	1.008	0.766	0.565	1.658	0.789	0.863
	滤后水	3.131	0.741	1.971	0.912	0.710	0.215	1.465	0.214	0.733
	反冲洗水	0.086	3.624	0.154	0.022	0.035	1.188	0.093	1.621	0.085
	总截留率(%)	**19.071**	**71.204**	**17.987**	**20.810**	**18.889**	**66.692**	**22.641**	**76.261**	**25.681**
	不可逆截留率(%)	18.755	51.094	17.070	20.534	18.322	40.410	21.940	50.578	24.452
Unfractioned	进水	3.696	1.992	2.228	0.973	0.630	0.596	1.524	0.826	0.835
	滤后水	3.478	0.841	2.022	0.839	0.585	0.238	1.375	0.305	0.703
	反冲洗水	0.023	3.392	0.142	0.131	0.017	0.901	0.001	1.097	0.059
	总截留率(%)	**17.675**	**63.073**	**20.572**	**24.619**	**18.819**	**65.115**	**21.029**	**67.702**	**26.332**
	不可逆截留率(%)	17.597	41.793	19.777	22.934	18.482	46.219	21.025	51.115	25.448

当向不同分子量 NOM 中加入 15mg/L 的 Na$^+$ 时，由表 3-9 可知，原水中三种荧光物质的 Score 值均显著减小。从相对含量上看，C1 和 C3 的相对含量有所减少，C2 的相对含量却明显增加。而在滤后水中，与未加阳离子时相比，C3 的相对含量显著减小。由图 3-19 可知，三种荧光物质在超滤膜上的总截留率和不可逆截留率均随着 NOM 分子量的增大而逐渐增加。与未加阳离子时不同的是，在 Na$^+$ 条件下，C3 的截留率由 20％提高到 40％～65％，在膜污染中起到了主导作用。同时，C2 在超滤膜上的截留率显著减小，推断其对膜污染的影响也相应减小。

在 Ca^{2+} 存在条件下，与未加阳离子时相比，不同分子量 NOM 原水中 C1、C2、C3 的 Score 值也均有所步减小。在滤出水中，与原水相比，C2 的相对含量显著减少，C1 和 C3 相应增加。由图 3-19 可见，在 Ca^{2+} 存在时，超滤膜对 C2 的截留率也有所增加，且随着 NOM 分子量的增大而逐渐增大。同时，随着 NOM 分子量的增加，C3 在超滤膜上的截留率也逐渐提高到 30％，对总膜污染和不可逆膜污染的贡献逐渐增大。由前述可知，与 Na$^+$ 存在时的膜污染相比，Ca^{2+} 存在时不同分子量 NOM 造成的总膜污染和不可逆膜污染更为严重，且不可逆膜污染在总污染中所占的比例也相应提高。结合红外光谱和 XPS 实验结果，推测除蛋白类物质外，Ca^{2+} 可能也与 C3（陆源腐殖质类物质）发生反

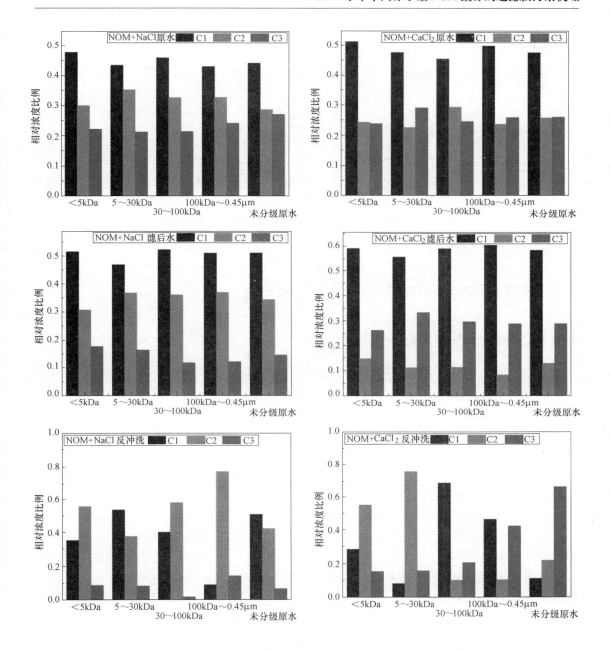

图 3-18 不同阳离子条件下 NOM 水样的 Score 值相对含量

应，使得 C3 与膜之间的黏附作用大大增加，从而加剧了膜污染，尤其是不可逆膜污染。

采用反渗透浓缩-超滤膜分级所得不同分子量 NOM 水样进行平板超滤膜污染实验，可以得出以下主要结论：超滤膜污染与 NOM 分子量有显著关系，随着分子量的增大，膜污染程度加重。采用 AFM 和 QCM-D 技术对不同分子量 NOM 与超滤膜之间的微界面相互作用进行研究，发现随着 NOM 分子量增大，有机物在超滤膜上的黏附力和吸附量逐渐提高，进而加剧了膜污染。Na^+ 和 Ca^{2+} 的存在增加了不同分子量 NOM 于膜表面之间的微观作用力，从而使得膜污染更加严重。色氨酸类蛋白质是造成超滤膜污染的主要荧光物

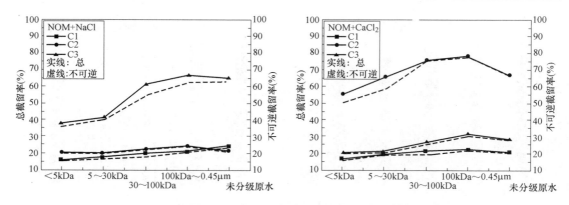

图 3-19　不同阳离子条件下荧光物质在超滤膜上的截留情况

质，Na^+ 和 Ca^{2+} 对荧光物质的膜污染行为也具有显著的影响。

3.2　水中颗粒物与有机物的协同膜污染效应

3.2.1　实验用水与膜污染分析方法

本研究中，选用 Aldrich 腐殖酸（HA）、牛血清蛋白（BSA，69kDa，ROTH）和右旋糖酐（DEX，500kDa，ROTH®）作为自然水体中的 HA、蛋白质和多聚糖的模型物质，进行实验用原水的配制。对于单一有机物组分的实验用原水，HA、BSA 和 DEX 的浓度分别为 2.5mg C/L、0.5mg C/L 和 0.5mg C/L；而对于不同有机物组分共存的实验用原水，HA-BSA-DEX 混合物浓度则为 2.0-0.25-0.25mg C/L，以便和 2.5mg C/L 的单独 HA 形成对比。研究中之所以选用较低浓度的 BSA 和 DEX，是因为在自然地表水体中，蛋白质和多聚糖的浓度本身就较低。例如，根据 Hallé 等的报道，在加拿大 Grand 河中，全年生物源高分子（主要由蛋白质和多聚糖组成）的浓度约在 0.09～0.53mg C/L 之间；我们的调研也发现湖库水中的生物源高分子含量约为 0.23～0.89mg C/L，而江河水中的浓度约为 0.24～0.72mg C/L。

本研究中选用的模型颗粒物质为由 Sigma-Aldrich 购买的三种 SiO_2 颗粒，两种尺度在微米级别，分别为 0.5～10μm（大约 80% 在 1～5μm）和约 45μm（325 目）；一种尺度在纳米级别（5～15nm）。对于每一种无机颗粒，均在 10、50 和 100mg/L 三种不同的浓度下开展了超滤实验，以阐明颗粒物浓度在其与不同有机物组分形成联合超滤膜污染中的作用。

所有的实验用原水，包括单独的有机物溶液、单独的颗粒物溶液，以及不同有机物与颗粒物的混合溶液，都配制在 10.0mM NaCl 和 0.5mM $NaHCO_3$ 中，以提供一定的离子强度和背景碱度，模拟自然水体的天然水环境。溶液的 pH 值平均为 8.1 左右。

本部分研究采用的超滤膜与超滤装置与本书 2.1 节相同，超滤膜的膜污染行为采用序列膜污染阻力模型进行分析。即在每一超滤实验的开始，都首先进行 150mL 的纯水过滤以确定超滤膜的初始通量，以此计算超滤膜本色的固有阻力 R_m。然后将进水切换为合成的实验用原水，过滤 500mL 的溶液体积以确定超滤膜总污染阻力 R_t。之后，再用 50mL

纯水对受污染超滤膜进行反冲洗，以去除积累在超滤膜上的可逆污染。接下来，再用150mL纯水过滤，以确定不可逆污染阻力 R_{irr}，该部分污染在水力反冲洗之后仍然保留在超滤膜之上。本研究中，所获取的超滤膜总污染阻力和不可逆污染阻力分别以 R_t/R_m 和 R_{irr}/R_m 的标准化形式进行表达。

在针对进水中含有 HA 组分的超滤实验中，对渗透液体积为 20～100mL、100～200mL、200～300mL、300～400mL 和 400～500mL 的渗透液样品分别进行了收集和取样分析，以测定 HA 在超滤膜上的通过率。HA 浓度是以在 254nm 波长下的紫外吸光度进行表征，超滤过程中 HA 的透过率则根据 HA 在渗透液和进水中浓度的比值进行计算。

3.2.2 HA 与无机颗粒的联合污染

首先研究了腐殖酸（HA）与两种微米颗粒和一种纳米颗粒在超滤过程中的联合膜污染行为。如图 3-20 所示，当 2.5mg C/L HA 单独存在时，仅在超滤膜上引起了中度膜污染；而当无机颗粒单独存在时，不论其颗粒尺度和浓度如何，引起的超滤膜污染均可忽略不计。

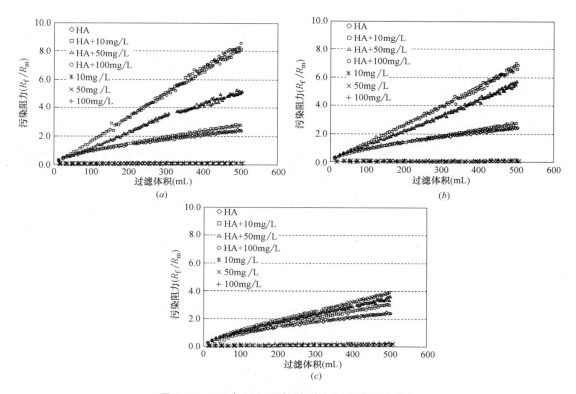

图 3-20 HA 与无机颗粒的联合超滤膜污染情况

(a) 0.5～10μm；(b) 约 45μm；(c) 5～15nm

从图 3-20（a）和（b）中可以看出，对于两种尺度的微米颗粒而言，当采用 10mg/L 的低浓度时，其对于 HA 所形成超滤膜污染的影响很小。然而，当颗粒浓度增加到 50mg/L 时，其与 HA 联合膜污染的总污染阻力也大幅度上升。图 3-21（a）和（b）显示了两种微米颗粒存在条件下，HA 在超滤过程中的透过情况。起初，我们认为当与这两种微米颗粒共存时，HA 在超滤膜上的透过率将会因为颗粒物的干扰而有所降低。但是实验结果表明，与之相反，进入到滤出液当中的 HA 比例并未降低，甚至出现了小幅的增加。因此，可以断定，HA 与两种微米颗粒之间的协同污染效应并不是因为超滤膜上颗粒滤饼层的存在导致对 HA 的截留率提高而引起的。

　　另一方面，对于这两种微米颗粒，通过比较在不同颗粒浓度下的总膜污染阻力可以看出，颗粒物浓度越高，总膜污染阻力也越大。再结合 HA 的透过情况，可以判定，HA 与两种微米颗粒的协同污染效应必然是发生在了超滤膜表面的颗粒层内部。根据 Li 和 Elimelech 的研究，有机物和无机颗粒之间的协同效应可归结为在联合污染层中受到抑制的污染物反向扩散作用。在超滤膜上形成的颗粒层可以降低有机物的反向扩散；而在膜表面有机物的积聚（浓差极化）将会增加溶液的黏度，反过来抑制颗粒物的反向扩散，因此导致了协同膜污染效应的形成。应当指出，当与微米颗粒共存时 HA 在超滤膜上的透过率提高也可能是由该机理所决定的：微米颗粒在超滤膜表面形成的颗粒层限制了随过滤富集在膜表面 HA 向本体溶液中的反向扩散，因此促进更多的 HA 分子通过膜孔进入到渗透液当中。

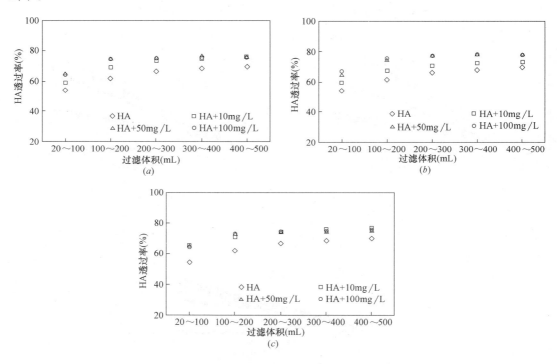

图 3-21　与不同无机颗粒共存时 HA 在超滤膜上的穿透情况

（*a*）0.5～10μm；（*b*）约 45μm；（*c*）5～15nm

　　当微米颗粒浓度增加至 100mg/L 时，两种颗粒与 HA 之间产生了更为严重的协同污染效应，且 0.5～10μm 的小尺度颗粒比约 45μm 的大颗粒产生了更高的总膜污染阻力。这可能是因为 0.5～10μm 的颗粒所形成的泥饼层孔隙率更低所致。应当指出的是，反向扩散抑制系数不仅与颗粒物泥饼层的厚度有关，还与在泥饼层的孔隙率密切相关。然而，值得注意的是，不管微米颗粒的尺度和浓度是多少，这些微米级颗粒的存在并没有对 HA 的不可逆污染产生很大的影响，如图 3-22 所示。HA 对超滤膜所造成的不可逆污染主要是由于 HA 分子在膜孔内部的不可逆吸附引起的。

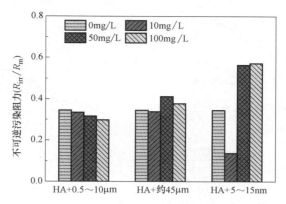

图 3-22　HA 与不同无机颗粒联合超滤膜污染的不可逆情况

　　至于 HA 与另一种纳米级颗粒之间，尽管也观察到了一些协同污染效应，但是其总膜污染阻力与两种微米级颗粒相比大幅度减小，尤其是在较高的颗粒物浓度情况下。本实验中所用纳米颗粒尺度为 5～15nm，考虑到超滤膜的孔径为 26nm，可认为大部分的纳米颗粒均可以通过膜孔。因此，对于纳米颗粒而言，其与 HA 的协同污染很可能发生在膜内部，由于在膜孔内或膜支撑层内部 HA 的吸附将部分纳米颗粒包裹于其中所导致。另一种可能的解释是一些纳米颗粒的聚集物在膜表面积累，这样就起到与微米颗粒类似的作用，即通过对反向扩散的抑制作用导致协同膜污染效应。图 3-21（c）表明在任何颗粒浓度下，5～15nm 的纳米颗粒都不会引起 HA 在超滤膜上的截留率增加。可是从图 3-22 中可以看出，在高浓度纳米颗粒共存条件下，HA 的不可逆污染显著增加。这一发现进一步证实了在膜内部 HA 的吸附层中将纳米粒子包裹其中的可能，它使得孔径变窄，并且不能轻易地通过反冲洗去除，因此导致了不可逆污染阻力的增加。

3.2.3　BSA 与无机颗粒的联合污染

　　蛋白质作为一类重要的膜污染物组分，近几年中受到越来越多的关注。本研究中用 BSA 作为蛋白质的模型物质，研究了其与不同尺度、浓度无机颗粒的联合超滤膜污染行为。由于在自然水体和污水处理厂二级出水中蛋白质的浓度很低，因此本实验中采用的 BSA 浓度为 0.5mg C/L，以模拟实际水源的情况，结果如图 3-23 所示。

　　从图 3-23 中可以看出，在较低的浓度水平下，单独的 BSA 在超滤过程中形成的膜污染相对来说也较弱。当加入 10mg/L 的微米颗粒（无论是 0.5～10μm 还是约 45μm）时，观察到 BSA 与颗粒之间的协同污染效应，其联合污染的结果大于单独颗粒和单独 BSA 所造成膜污染的加和。当两种微米颗粒的浓度增加到 50mg/L 时，BSA 与颗粒之间的协同污染效应更加强烈，膜污染阻力增长速率显著加快。在微米颗粒形成的泥饼层中，BSA 分子的反向传输受到阻碍，这样就形成了以 BSA 分子填充颗粒间空隙的致密联合污染层，使得颗粒层孔隙率显著降低，水力阻力增加，导致了 BSA 与微米颗粒之间的协同膜污染效应。

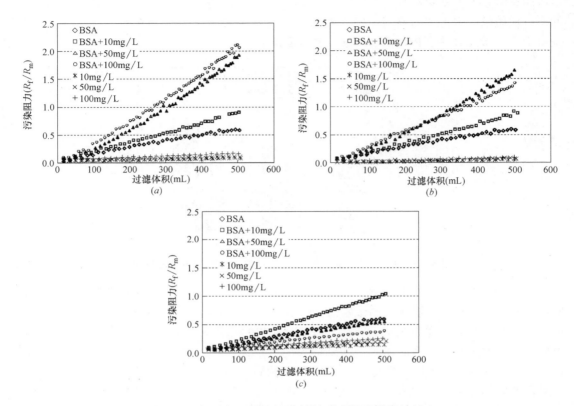

图 3-23　BSA 与不同无机颗粒的联合超滤膜污染情况

(a) 0.5～10μm；(b) 约 45μm；(c) 5～15nm

可是，当将微米颗粒的浓度进一步提高到 100mg/L 时，与浓度为 50mg/L 的情况相比，对于 0.5～10μm 的颗粒而言，其与 BSA 产生的协同污染阻力只有微小增加；而对于约 45μm 的颗粒而言，产生的协同污染阻力甚至有小幅下降的趋势。基于此，可推断就 BSA 来说，微米颗粒存在一临界浓度范围，在该浓度范围内协同膜污染阻力随颗粒物浓度成比例增加。而当超出这一浓度范围时，BSA 与颗粒之间的联合污染达到平衡、甚至有所减轻，可能是因为 BSA 在更厚的颗粒层中分散使得颗粒层的孔隙率增加、密实度降低，导致水力阻力达到平衡或者降低。BSA 与不同颗粒联合产生的不可逆膜污染可进一步对这一假设进行印证。如图 3-23 所示，BSA 与 50mg/L 的微米颗粒联合产生的不可逆污染阻力比单独 BSA 产生的显著增加，这意味着 BSA 与颗粒在膜表面的相互作用得以加强。而当颗粒的浓度增加至 100mg/L 时，不可逆污染反而有所降低，这可能是因为 BSA 在更厚的颗粒层中分散，导致 BSA 与颗粒在膜表面的相互作用减弱。

关于 BSA 与两种微米颗粒的联合超滤膜污染中，另一重要发现是在高颗粒浓度（50mg/L 和 100mg/L）情况下，小尺度颗粒（0.5～10μm）所产生的膜污染比大尺度颗粒（约 45μm）更为严重，如图 3-23 所示。这主要是因为较小颗粒形成的联合污染层较之大颗粒形成的联合污染层孔隙率要小，故可引起更高的水力阻力。

　　至于 5～15nm 的颗粒，当浓度为 10mg/L 时，其与 BSA 表现出一定程度的协同污染效应。但当颗粒浓度增加到 50mg/L 或 100mg/L 时，发现其联合膜污染阻力逐渐降低，这是一个比较反常的实验现象，如图 3-23（c）所示。本研究中所用的 BSA 分子量大约为 69kDa，比超滤膜的截留分子量 150kDa 要低很多。这样，就有理由认为 BSA 对超滤膜的污染同时发生于膜表面和内部，通过疏水相互作用吸附于膜之上。而 5～15nm 的纳米颗粒也能够进入并通过超滤膜的膜孔。因此，可推断当纳米颗粒的浓度为 10mg/L 时，部分颗粒可以进入到 BSA 污染层，进而导致了更高的水力阻力。但当颗粒浓度增加到 50mg/L 或 100mg/L 时，过高的纳米颗粒含量将会通过减少 BSA 与膜的接触概率来阻碍 BSA 的吸附，使得膜污染阻力反而下降。这一解释可以由图 3-24 所示的膜污染不可逆性得到支持，如图所示，随着纳米颗粒浓度的增加，BSA 与纳米颗粒联合导致的不可逆污染阻力反而逐渐降低，证明 BSA 在超滤膜上的吸附收到了抑制。

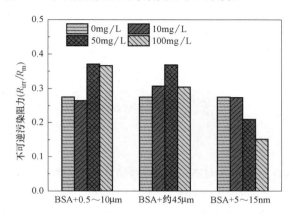

图 3-24　BSA 与不同无机颗粒联合超滤膜污染的不可逆情况

3.2.4　DEX 与无机颗粒的联合污染

　　多聚糖作为另一种生物源高分子组分，无论是在饮用水处理中还是在污水处理厂二级出水深度处理与回用中，都被认为是超滤膜的重要膜污染物质。本研究中，采用葡聚糖 DEX 作为多聚糖的模型物质，研究了其与不同尺度、不同浓度无机颗粒共存时的联合膜污染行为，结果如图 3-25 所示。

　　从图 3-25（a）和（b）中可以看出，当微米颗粒（无论是 0.5～10μm 还是约 45μm）的浓度由 10mg/L 增加到 50mg/L 时，DEX 与微米颗粒之间的协同污染效应显著增强。考虑到本研究中所用 DEX 较大的分子量（500kDa）及其长链式结构，可以推断单独的 DEX 对超滤膜（截留分子量为 150kDa）的污染主要发生在膜表面，正如海藻酸钠对超滤膜所形成的污染一样。这样，DEX 与微米颗粒之间的协同污染就可以归结为两者在泥饼层中所产生的空间相互作用：在超滤过程中，DEX 分子被颗粒层所截留，而 DEX 则填充于微粒颗粒之间的空隙当中，导致联合滤饼层的渗透性下降，使得水力阻力上升。此外，联合滤饼层对反向扩散的阻碍作用也加强了 DEX 与微米颗粒在膜表面的相互作用。如图 3-26 所示，当颗粒浓度由 10mg/L 增加到 50mg/L 时，不可逆污染阻力显著增加。

　　当颗粒浓度进一步增加到 100mg/L 时，对于较小的 0.5～10μm 颗粒来说，DEX 与

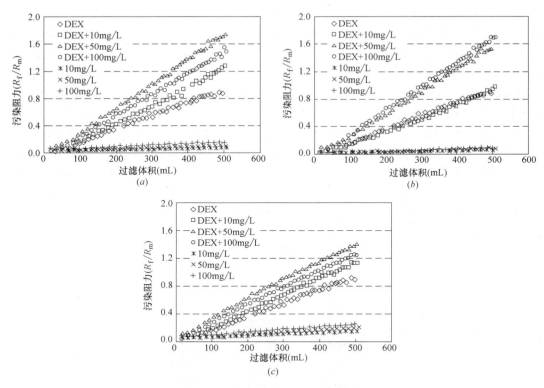

图 3-25　DEX 与不同无机颗粒的联合超滤膜污染情况

(*a*) 0.5～10μm；(*b*) 约 45μm；(*c*) 5～15nm

颗粒的联合污染相对于颗粒浓度为 50mg/L 时有所降低。这可能是因为 100mg/L 这样的高浓度颗粒所形成的颗粒层更厚，使得 DEX 分布于该颗粒层中，导致该联合污染层的孔隙率增加。这一结果与 Jermann 等获得的结论一致，他们认为有机物与颗粒物的比例对联合膜污染而言起着重大的作用。而对于较大的约 45μm 颗粒来说，当颗粒浓度为 100mg/L 时，其与 DEX 的联合污染阻力比 50mg/L 时略有增加，但是增加的幅度很小。这一结果再次证明了之前我们所提及的一个假设：即对于微米颗粒而言存在一临界浓度范围，当超过该浓度范围时有机物与颗粒之间的协同污染效应将达到平衡，甚至是减弱。

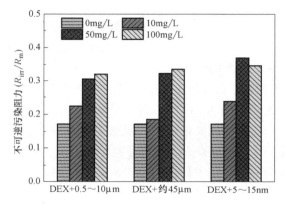

图 3-26　DEX 与不同无机颗粒联合超滤膜污染的不可逆情况

对于 5～15nm 的纳米粒子来说，当颗粒浓度由 10mg/L 增加到 50mg/L 时，DEX 与纳米颗粒之间的协同污染增强。但是，当颗粒浓度进一步增加到 100mg/L 时，其协同污染则呈现出减弱的趋势。如上所述，DEX 对超滤膜的污染主要发生在膜表面，而 5～15nm 纳米粒子可以通过膜孔。当纳米粒子浓度较低时，部分颗粒有可能包裹到 DEX 层中，使 DEX 层更加致密、渗透性降低，膜污染阻力增加。而当纳米粒子浓度较高时，这些颗粒可以通过空间位阻效应介入到 DEX 所形成的膜污染，使 DEX 层密实度下降，从而污染阻力降低。如图 3-26 所示，与浓度为 50mg/L 时相比，当纳米粒子浓度为 100mg/L 时，其与 DEX 联合膜污染的不可逆阻力也有所降低，这与图 3-25（c）所示的总膜污染阻力增长情况具有较好的一致性。

3.2.5　HA-BSA-DEX 混合有机物与无机颗粒的联合污染

在自然水体当中，HA、蛋白质、多糖和无机颗粒往往同时存在。因此，为了更好的模拟实际水体情况，将 2.0mg C/L HA、0.25mg C/L BSA 和 0.25mg C/L DEX 混合在一起，以形成含有不同有机物组分的混合有机物，并与单独的 2.5mg C/L HA 平行对比，研究混合有机物与不同尺度、不同浓度无机颗粒物的联合超滤膜污染行为。结果如图 3-27 所示。

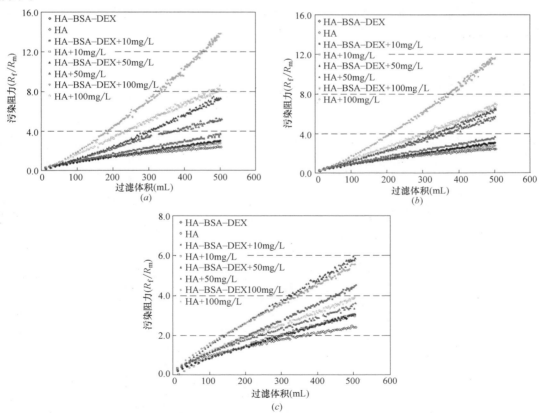

图 3-27　HA-BSA-DEX 混合有机物与不同无机颗粒的联合超滤膜污染情况

　　从图中可以看出，当没有无机颗粒存在时，HA-BSA-DEX 混合有机物产生的膜污染阻力与单独的 HA 相比，仅仅表现出小幅度的提高。可是从图 3-27（a）和（b）中看出，当有微米颗粒存在时，HA-BSA-DEX 混合有机物则产生了明显升高的膜污染阻力，尽管 HA-BSA-DEX 与单独 HA 溶液所采用的有机碳浓度（2.5mg C/L）相同。同时，HA-BSA-DEX 与微米颗粒之间的协同污染表现出随颗粒浓度的增加而呈比例增加的趋势。如图 3-28 所示，在 HA-BSA-DEX 与不同尺度、浓度微米颗粒的联合超滤过程中，HA-BSA-DEX 中 HA 的透过率没有降低，也就是说，微米颗粒的存在并没有导致更多的有机物被截留于膜表面。表明 HA-BSA-DEX 与微米颗粒之间的协同污染效应并不是由于膜对有机物的截留率提高所导致的。因此，可以认为有机物和颗粒物的协同污染发生在膜表面的联合污染层中。据 Li 和 Elimelech 和 Contreras 等的报道，积累在膜表面的颗粒物和有机物能够对各自的反向传输产生相互之间的抑制作用，对于有机物而言，颗粒物能通过形成更曲折的通道（有机物方面）而阻碍它们的反向扩散，对于颗粒物而言，有机物的积累则可增加膜表面溶液的黏度，从而抑制颗粒物的反向扩散。而 Jermann 等也证明了不同分子尺度的有机物能填充在膜表面颗粒层的空隙当中，减小孔隙率、增大水力阻力。因此与单独的 HA 相比，HA-BSA-DEX 混合物可与微米颗粒在膜表面形成含有多种污染物的泥饼污染层，具有更高的致密性和更低的渗透性，可引起更高的超滤膜污染阻力。正如 Jermann 等和 Katsoufidou 等所言，不同 NOM 组分之间的相互作用在决定超滤膜污染势中起着关键的作用。

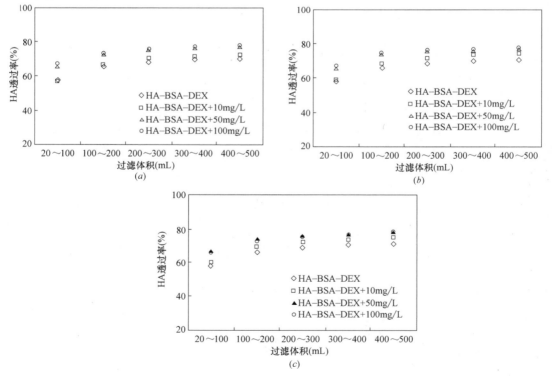

图 3-28　HA-BSA-DEX 混合有机物与不同颗粒共存时 HA 在超滤膜上的穿透情况

（a）0.5～10μm；（b）约 45μm；（c）5～15nm

可是从图 3-29 中可以发现，HA-BSA-DEX 混合有机物与不同尺度、不同浓度无机颗粒所造成的不可逆膜污染，与单独的 HA 相比，总体而言并没有明显的变化。这一实验结果与图 3-28 中所示的有机物在超滤膜上的透过行为相一致，即 HA-BSA-DEX 混合并没有导致更多的有机物截留于超滤膜之上，而不可逆膜污染主要是由有机物造成的，因此其并未引起不可逆膜污染的大幅度改变。

尽管机理可能不同，但 HA-BSA-DEX 混合有机物与 10mg/L 和 50mg/L 的纳米粒子之间也表现出了显著的协同膜污染效应。当考虑到有机混合物中分子量的不同，可以认为 HA-BSA-DEX 所引起的膜污染既发生在膜表面也发生在膜孔内部。纳米粒子可以被包裹与膜孔里或支撑层内的有机物吸附层中，进而减小膜孔有效尺寸（如本书 3.2.2 节所述）；也可包裹于在膜表面的泥饼污染层当中，增加泥饼层的密实度并降低其渗透性。因此，表现出更高的协同膜污染阻力。可是当纳米粒子浓度较高（100mg/L）时，粒子可通过竞争降低有机物在超滤膜上的接触，从而减少有机物在膜孔内的吸附；同时由于过多纳米颗粒的介入降低膜表面联合泥饼层的密实度，从而使得在 100mg/L 条件下的联合膜污染与 50mg/L 相比反而有所降低。

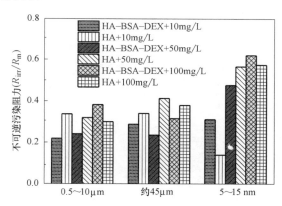

图 3-29　HA-BSA-DEX 混合有机物与不同无机颗粒联合超滤膜污染的不可逆情况

本节考察了不同 NOM 组分与两种微米颗粒和一种纳米颗粒在超滤膜上的联合膜污染行为，可取得以下结论：

（1）对于 HA 而言，当将两种微米颗粒的浓度从 10mg/L 增加到 50mg/L 时，HA 与微米颗粒之间的协同污染效应明显增强，根据 HA 在超滤膜上的透过情况，可认为这主要是由于在颗粒层中 HA 与颗粒相互阻碍的反向扩散造成的。然而，对于较大的约 45μm 颗粒，当浓度增至 100mg/L 时，其总膜污染阻力的增长趋势明显降低，且不可逆膜污染阻力受微米颗粒尺度和浓度的影响较小。5～15 nm 的纳米粒子也可增强 HA 对超滤膜的污染，但是影响程度却远小于微米颗粒。这可能是因为纳米粒子可通过超滤膜，不能形成致密的颗粒层。

（2）对于 BSA 而言，当两种微米颗粒的浓度从 10mg/L 增加到 50mg/L 时，BSA 与颗粒之间的协同膜污染效应也表现出成比例增加的趋势；但当颗粒浓度进一步增加到 100mg/L 时，对于 0.5～10μm 的微粒而言，协同膜污染阻力仅有小幅增加，对于约 45μm 的微粒而言，甚至出现了下降的趋势。这表明微米颗粒存在一临界浓度范围，在这一浓度范围内微米颗粒可与 BSA 造成严重的协同膜污染。5～15 nm 的纳米粒子仅在

10mg/L 的低浓度条件下表现出强化 BSA 污染的作用；而在 50mg/L 和 100mg/L 的高浓度条件下，其与 BSA 的膜污染阻力反而降低。

（3）与 BSA 的情况类似，在 10～50mg/L 的颗粒浓度范围内，DEX 与两种微米颗粒之间表现出显著的协同膜污染效应。然而当颗粒浓度进一步增加至 100mg/L 时，对于 0.5～10μm 的微粒而言，其协同膜污染开始下降，对于 0.5～45μm 的微粒而言，其膜污染阻力也仅是略有增加。这种现象进一步证实了微米颗粒存在一个临界浓度范围，在该浓度范围内会产生显著的协同膜污染效应。5～15nm 的纳米粒子在相对较低的浓度（10～50mg/L）下可加重 DEX 的超滤膜污染；但在高浓度（100mg/L）条件下，其联合膜污染阻力则会减小。

（4）对于 HA-BSA-DEX 混合有机物而言，与单独的 HA 相比，即便是在相同的有机碳浓度条件下，HA-BSA-DEX 也会与不同尺度、不同浓度的无机颗粒产生明显升高的协同膜污染阻力。这主要是由于在超滤膜表面形成了含有多种污染物的联合泥饼层，其具有更高的密实度和更低的渗透性，导致膜污染阻力与单一有机物相比显著增加。

第4章　超滤膜污染控制

近年来，随着膜材料价格的不断下降和对出水水质要求的不断提高，超滤技术已广泛应用于水处理当中。但是，由膜污染引起的渗透通量下降问题仍然制约着该技术的高效运行和进一步推广。在第2章和第3章的研究中，对水中造成超滤膜污染的主要污染物组分及其膜污染机理有了初步的认识，但在实际工程中如何才能有效减缓和控制膜污染，仍然是需要解决的一个关键问题。

通常来讲，膜污染可分为可逆性膜污染和不可逆性膜污染两大类。可逆性膜污染可通过水力反冲洗清除；而不可逆性膜污染只能通过化学清洗去除。无论是可逆污染还是不可逆污染都会降低膜的生产效率，增加运行成本，并缩短膜的使用寿命，对膜滤过程起到严重的负面作用。为了解决膜污染问题，学术和工程界已经提出并尝试了多种膜前预处理技术方案，主要有四大类：混凝、吸附、预氧化及预过滤。截至目前，在水工程实践中，混凝是应用最广的一种膜前预处理技术，可与常规水处理工艺有机结合，具有操作简单、经济可行的优点。膜前预处理往往不能将超滤膜污染物质完全去除，因此，在膜滤过程中对工艺运行过程进行优化调控也能起到一定的减缓膜污染作用，如膜通量、过滤周期、反冲强度与时间等。此外，在长期运行中超滤膜一定会产生不可逆膜污染，受污染膜的高效化学清洗对于恢复超滤膜的过滤性能、提供运行效率具有重要作用。

4.1　$KMnO_4$预氧化与$FeCl_3$混凝联用对超滤膜污染的控制研究

4.1.1　研究过程与膜污染分析方法

1. $KMnO_4$预氧化与$FeCl_3$混凝实验

研究过程中的实验用水取自一受到污水处理厂二级出水排放污染的河流。研究期间原水的水质指标如表4-1所示。

取样期间受污染江河水的水质情况　　　　　　　　　　　　　　表4-1

水质参数	平均浓度(标准偏差)	水质参数	平均浓度(标准偏差)
浊度(NTU)	6.64 ± 2.76	$UV_{254}(cm^{-1})$	0.194 ± 0.015
pH	7.65 ± 0.08	生物源高分子(mg C/L)	0.552 ± 0.046
水温(℃)	19.2 ± 1.6	HA(mg C/L)	3.706 ± 0.588
DOC(mg C/L)	7.812 ± 0.404		

根据标准杯罐方法（DVGW-Worksheet W 218）进行$KMnO_4$预氧化与$FeCl_3$混凝的实验。简而言之，首先将3.6 L的原水水样添加到一个带有搅拌桨的5 L水箱当中，然后加入0.5mg/L或1.0mg/L的$KMnO_4$，并以400 r/min的速度搅拌60 s。在此之后，加入1.0mg Fe/L或4.0mg Fe/L的$FeCl_3$混凝剂（以Fe计），以400 r/min的速度继续搅拌

30 s。接下来，将搅拌速率降低至 60 r/min，持续搅拌 5 min。在预氧化＋混凝处理后，对水样进行了两组超滤实验：一是首先将水样通过孔径为 0.45μm 的硝酸纤维膜进行过滤预处理，之后再进行超滤实验，目的是聚焦水中有机物的膜污染行为；二是模拟在线混凝过程，对混凝之后的水样直接进行超滤，此时的膜污染可认为是絮体与有机物协同作用的结果。

2. 膜污染阻力的确定

在针对实际水样开展超滤实验之前，都首先对膜进行 150mL 的纯水过滤以确定其纯水通量值。然后将进水切换为实际水样，对其进行 3 个循环的超滤实验，每个循环过滤水样体积为 500mL。每个超滤循环结束时，以 50mL 的纯水对膜进行反冲洗，以去除积累在超滤膜上的可逆污染；之后再次进行 150mL 的纯水过滤，确定其纯水通量值。

根据超滤实验中所获取的各种通量值，依照序列膜污染阻力模型，计算求得超滤膜的总膜污染阻力值和不可逆污染阻力值，以此评价超滤膜的污染潜势和膜污染的不可逆性。

4.1.2　单独 KMnO₄ 氧化对膜污染的控制作用

图 4-1（a）显示了分别经 0mg/L、0.5mg/L 和 1.0mg/L KMnO₄ 氧化处理之后，水样在超滤过程中膜污染阻力的增长情况。从图中可以得知，0.5mg/L 的 KMnO₄ 预氧化处理可使每一超滤循环结束时的膜污染阻力降低 25％左右。但是，当 KMnO₄ 浓度增加到 1.0mg/L 时，膜污染阻力值并未进一步降低，甚至出现了少许的增加，尤其是对于第一个超滤循环。就 KMnO₄ 氧化对膜污染的控制作用而言，需要考虑两个方面的问题：第一是对有机膜污染物质的氧化去除；第二是原位生成的二氧化锰颗粒，可能会对膜污染造成不利影响。很多研究中都已阐明无机颗粒和有机物之间对超滤膜可形成协同污染效应。当 KMnO₄ 浓度升高时，其所产生的二氧化锰颗粒也势必增加，这可能就是高 KMnO₄ 剂量下膜污染阻力反而有所升高的主要原因。

为了更加深入地理解 KMnO₄ 氧化对膜污染的影响，对 KMnO₄ 氧化处理后的水样首先通过 0.45μm 膜预过滤，然后再进行超滤实验。在此条件下，可以假定无论是水中原有的颗粒物还是原位产生的二氧化锰颗粒均已被去除，这样就可以聚焦于由有机污染物组分所引起的膜污染，实验结果如图 4-1（b）所示。可见，KMnO₄ 浓度为 0.5mg/L 和 1.0mg/L 时，均能有效降低膜污染阻力，每一超滤循环结束时，降幅可达 35％左右，明

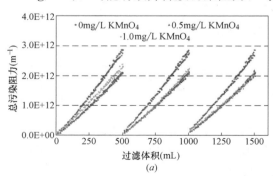
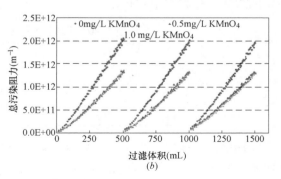

图 4-1　KMnO₄ 氧化对水样超滤膜污染阻力的影响

（a）不预过滤；（b）预先进行 0.45μm 膜滤

显高于未经预过滤处理的水样（降幅约 25％）。但是，0.5mg/L 和 1.0mg/L 这两个 KMnO₄剂量在对膜污染的减缓方面并没有明显的不同，表明这两个 KMnO₄浓度氧化去除了基本上同样数量的有机膜污染物质。

图 4-2 显示了经不同剂量 KMnO₄ 氧化处理后水样的 LC-OCD 结果。从图中可知：0.5mg/L 和 1.0mg/L 的 KMnO₄ 在对生物源高分子和 HA 峰值的消减上，几乎具有相同的效果。换言之，将 KMnO₄ 浓度从 0.5mg/L 增加到 1.0mg/L，并不会导致其对大分子有机物的进一步去除。而在先前的研究中，生物源高分子和 HA 都已被认作是超滤过程中相关的膜污染物质。这就解释了与 0.5mg/L KMnO₄ 相比，1.0mg/L KMnO₄ 并不能进一步降低膜污染阻力。

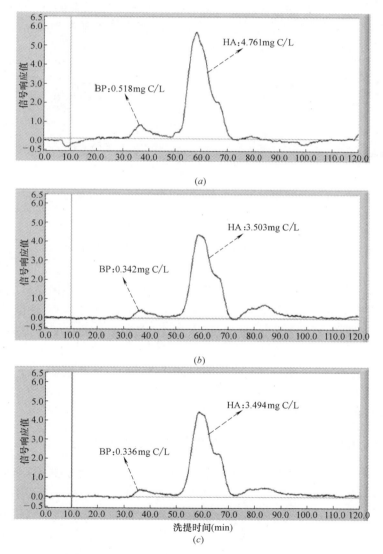

图 4-2　KMnO₄氧化后水样的 LC-OCD 检测结果

(a) 0mg/L；(b) 0.5mg/L；(c) 1.0mg/L

图 4-3 显示了不同浓度的 KMnO$_4$ 氧化处理对超滤膜不可逆性膜污染的影响。如图 4-3（a）所示，当水样经过 0.5mg/L KMnO$_4$ 氧化处理后，与原水样相比，其不可逆膜污染阻力呈现出逐渐降低的趋势，经 1500mL 过滤之后（三个超滤循环），一般可降低 40% 左右。不可逆膜污染阻力的降低主要可归结为 KMnO$_4$ 氧化对水中生物源高分子和 HA 等有机膜污染物质的去除，如图 4-2 中 LC-OCD 的结果所示。

然而，当 KMnO$_4$ 浓度增加至 1.0mg/L 时，与 0.5mg/L 时相比，水样的不可逆膜污染显著增加，甚至高于未经氧化处理的原水水样。不可逆膜污染的增加很可能是由于高浓度的二氧化锰颗粒参与到膜污染层中所致，以前的研究表明当与有机膜污染物共存时，无机颗粒也可导致不可逆膜污染的发生。对首先经 0.45μm 膜预过滤处理的水样进行超滤的实验结果证明了这一推断。如图 4-3（b）所示，水样经过预过滤后，0.5mg/L 和 1.0mg/L 的 KMnO$_4$ 均能有效地减少不可逆性膜污染，且其作用效果基本相同，经三个超滤循环之后，不可逆污染阻力约降低 40%。

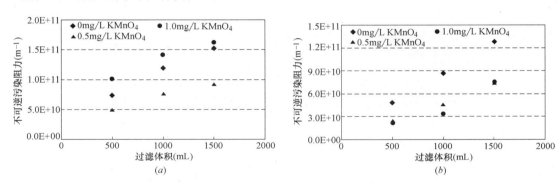

图 4-3　KMnO$_4$ 氧化对超滤膜不可逆污染的影响

（a）不预过滤；（b）预先进行 0.45μm 膜滤

总的来说，0.5mg/L 的 KMnO$_4$ 能有效降低超滤过程中的总膜污染阻力和不可逆膜污染阻力。然而，当将 KMnO$_4$ 浓度增加至 1.0mg/L 时，却不能进一步降低总膜污染阻力，甚至可能增大膜污染的不可逆性。一方面，就生物源高分子和 HA 等相关的有机膜污染物质而言，0.5mg/L 和 1.0mg/L 的 KMnO$_4$ 对其的消减能力基本相同；另一方面，1.0mg/L 的高剂量 KMnO$_4$ 还会产生更多的二氧化锰颗粒，这些颗粒可通过与有机物形成协同污染效应而反过来降低超滤膜的性能。因此，在接下来的超滤实验中，均采用 0.5mg/L 的 KMnO$_4$ 作为最优浓度。

4.1.3　KMnO$_4$ 预氧化与低剂量混凝的联合膜污染控制作用

在超滤工艺中，以铁盐或铝盐等无机盐作为混凝剂进行混凝处理是一种行之有效的减缓超滤膜污染的方法。本研究中，考察了 KMnO$_4$ 预氧化与 FeCl$_3$ 混凝联用对超滤膜污染的控制效能。如图 4-4（a）所示，在对水样采用 1mg/L 的铁盐混凝剂（以 Fe 计）进行混凝后，与原水相比，每个超滤循环结束时的膜污染阻力可减少约 35%。若在对水样采用 1mg/L 的铁盐（以 Fe 计）进行混凝的基础上，再对其加入 0.5mg/L 的 KMnO$_4$ 进行预氧化，则总膜污染阻力可降低约 46%，表明 0.5mg/L 的 KMnO$_4$ 预氧化可进一步促使总膜污染阻力降低 11% 左右。在上节中，实验结果表明单独使用 0.5mg/L 的 KMnO$_4$ 进行氧化可使膜污染阻力降低 25％左右，要高于其与 1mg Fe/L 混凝联用时所产生的约 11％的膜污染阻力降低值。这主要是由于一部分可被 KMnO₄ 氧化去除的膜污染物已经被 FeCl₃ 混凝所去除的缘故。

图 4-4（b）显示的是水样经单独 FeCl₃ 混凝处理和经 KMnO₄ 预氧化与 FeCl₃ 混凝联合处理后，首先采用 0.45μm 膜预处理，之后再进行超滤实验所得到的结果。可见，经预过滤后，单独使用 1mg/L 的 FeCl₃（以 Fe 计）混凝可以使膜污染阻力降低约 29.5％，而 0.5mg/L 的 KMnO₄ 预氧化可以进一步产生约 9％的降低量，这与未预过滤的情况基本一致。但是，研究中注意到对于首先经预过滤处理的水样而言，与未经预过滤的相比，无论是单独使用 FeCl₃ 混凝（分别是 29.5％和 35％）还是 KMnO₄ 与 FeCl₃ 联合使用（分别 38.5％和 46％），其对总膜污染阻力的消减量均有所降低。对于未经预过滤处理的水样，其中的有机膜污染物和颗粒性物质如混凝絮体等均可导致膜污染；而对于经预过滤处理的水样，可认为只有有机膜污染物仍存在于水样之中。因此，可将由颗粒性物质所造成的膜污染排除，相应的总膜污染阻力的消减量有所降低。

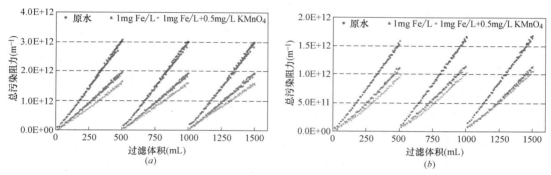

图 4-4 水样经 1mg Fe/L 混凝和 0.5mg/L KMnO₄预氧化之后的超滤膜污染情况

（a）不预过滤；（b）预先进行 0.45μm 膜滤

图 4-5 显示了经 1mg Fe/L 混凝剂单独处理和经 0.5mg/L KMnO₄ 与 1mg Fe/L 混凝剂联合处理后，水样的 LC-OCD 检测结果。如图 4-5 所示，单独使用 1mg Fe/L 混凝剂处理可以使生物源高分子的浓度从 0.550mg/L 降低至 0.419mg/L，而 0.5mg/L 的 KMnO₄ 预氧化可使生物源高分子的浓度进一步降至 0.383mg/L。这为 KMnO₄ 预氧化与 FeCl₃ 混凝联用可比单独使用 FeCl₃ 混凝取得更好的膜污染控制效果提供了很好的解释。同时，我们发现无论是单独 FeCl₃ 混凝还是 KMnO₄ 预氧化与 FeCl₃ 混凝联用，都只能去除少许的 HA，前者去除率约为 4％，后者约为 5％。这从侧面证明自然水体中的生物源高分子类物质应该是超滤膜的主要膜污染物质。

图 4-6 显示了经 1mg Fe/L 混凝剂单独处理和经 0.5mg/L KMnO₄ 与 1mg Fe/L 混凝剂联合处理后，水样在超滤过程中形成不可逆膜污染的情况。由图 4-6 可知，无论水样是否经过 0.45μm 的膜预过滤，1mg Fe/L 的混凝剂均能有效地降低其不可逆性膜污染。但是 0.5mg/L 的 KMnO₄ 与 1.0mg Fe/L 混凝联用时并不能进一步降低不可逆性膜污染。这个结果比较出乎意料，因为在前面已经证实单独使用 0.5mg/L KMnO₄ 氧化处理时，其对不可逆性膜污染的降低具有明显的效果。这样，对于低剂量的 FeCl₃ 混凝而言（本实验中为 1mg/L），采用 0.5mg/L KMnO₄ 进行预氧化可进一步降低总膜污染阻力，却不能进一步降低不可逆膜污染。

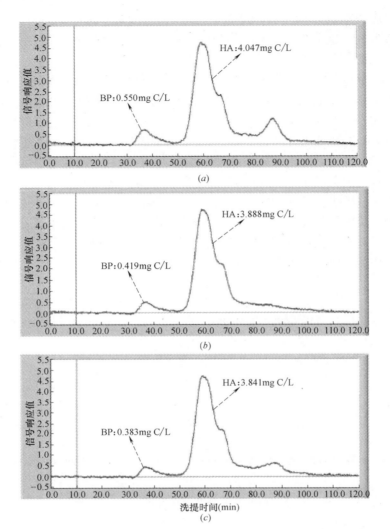

图 4-5　水样经 1mg Fe/L 混凝和 0.5mg/L KMnO₄预氧化之后的 LC-OCD 检测结果

(*a*) 原水；(*b*) 1mg Fe/L 混凝；(*c*) 0.5mg/L KMnO₄＋1mg Fe/L 混凝

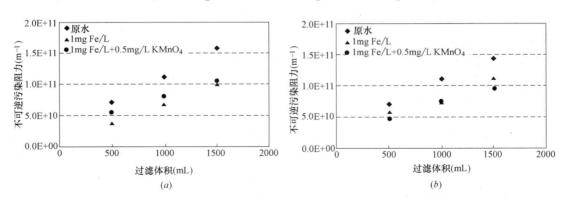

图 4-6　水样经 1mg Fe/L 混凝和 0.5mg/L KMnO₄预氧化之后的超滤膜不可逆污染情况

(*a*) 不预过滤；(*b*) 预先进行 0.45μm 膜滤

4.1.4 KMnO₄预氧化与高剂量混凝的联合膜污染控制作用

研究中同样也考察了 KMnO₄ 预氧化与高浓度 FeCl₃ 混凝剂（4mg Fe/L）联用对超滤膜污染的控制效能。如图 4-7 所示，采用 4mg/L FeCl₃ 混凝剂对水样进行混凝后，与对原始水样直接进行超滤相比，每个超滤循环结束时的膜污染阻力可降低约 50%。但是，无论是否对水样进行 $0.45\mu m$ 膜预过滤处理，在采用 4mg/L FeCl₃ 混凝的基础上，0.5mg/L KMnO₄ 预氧化都不能再进一步降低膜污染阻力。

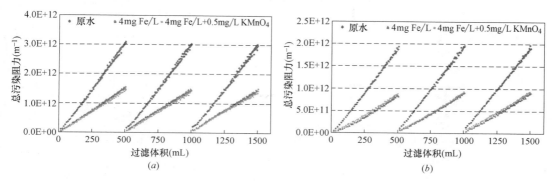

图 4-7 水样经 4mg Fe/L 混凝和 0.5mg/L KMnO₄ 预氧化之后的超滤膜污染情况
(a) 不预过滤；(b) 预先进行 $0.45\mu m$ 膜滤

图 4-8 为经 4mg Fe/L 单独混凝处理和经 0.5mg/L KMnO₄ 预氧化与 4mg Fe/L 混凝联合处理后水样的 LC-OCD 检测结果。由图 4-8 可知，单独采用 4mg Fe/L 混凝处理与采用 0.5mg/L KMnO₄ 预氧化与 4mg Fe/L 混凝联合处理这两种方法在对原水中生物源高分子的消减方面没有明显的区别，也就是说，在 4mg Fe/L 混凝处理的基础上再采用 0.5mg/L KMnO₄ 进行预氧化，并不能显著提高对生物源高分子的去除。而生物源高分子已经被证实为超滤膜主要的膜污染物质，这样，LC-OCD 的结果就与图 4-7 中所示的膜污染情况表现出较好的一致性，即 0.5mg/L KMnO₄ 预氧化并不能在 4mg Fe/L 混凝的基础上进一步降低膜污染阻力。另外，由图 4-8 可以看出，这两种预处理方法对 HA 的去除效果也基本一致，其也被认为是一种相关的膜污染物组分。这进一步解释了单独 4mg Fe/L 混凝处理与 0.5mg/L KMnO₄ 预氧化和 4mg Fe/L 混凝联用这两种方法在对膜污染的控制方面表现出几乎相同的效果。

但是，值得注意的是，对于 0.5mg/L KMnO₄ 预氧化与 4mg Fe/L 混凝的联用工艺，虽然 KMnO₄ 预氧化不能进一步降低总膜污染阻力，但是其却可以进一步降低不可逆性膜污染阻力。如图 4-9 所示，对于未经 $0.45\mu m$ 膜预过滤的水样，单独 4mg Fe/L 的混凝处理可在三个超滤循环结束时将不可逆性膜污染阻力降低约 37.5%；而若在 4mg Fe/L 混凝的基础上再采用 0.5mg/L KMnO₄ 进行预氧化处理时，不可逆膜污染阻力的降低可达 48.7%。这说明 0.5mg/L KMnO₄ 预氧化可以进一步消减约 11% 的不可逆膜污染阻力。对于经过 $0.45\mu m$ 膜预过滤的水样，0.5mg/L KMnO₄ 的预氧化在三个超滤循环之后同样也可以产生约 12% 的不可逆阻力降低值。这个不可逆膜污染阻力的实验结果很难用 LC-OCD 的检测结果进行解释，因为从 LC-OCD 谱图来看，4mg Fe/L 单独混凝和 0.5mg/L KMnO₄ 预氧化与 4mg Fe/L 混凝联用这两种预处理方法对生物源高分子和 HA 的去除程

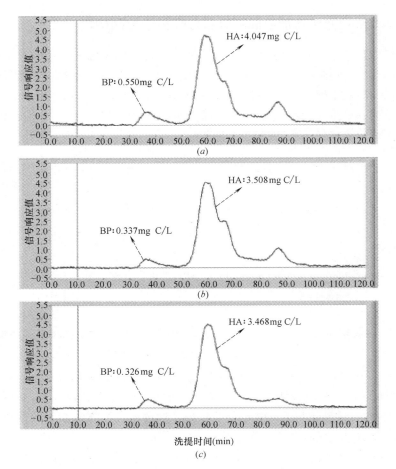

图 4-8　水样经 4mg Fe/L 混凝和 0.5mg/L KMnO₄ 预氧化之后的 LC-OCD 检测结果

（a）原水；（b）4mg Fe/L 混凝；（c）0.5mg/L KMnO₄＋4mg Fe/L 混凝

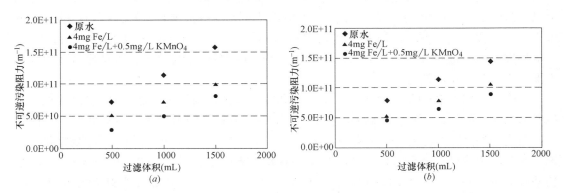

图 4-9　水样经 4mg Fe/L 混凝和 0.5mg/L KMnO₄ 预氧化之后的超滤膜不可逆污染情况

（a）不预过滤；（b）预先进行 0.45μm 膜滤

度几乎相同。Hallé 等曾指出对超滤膜不可逆污染起决定性作用的应该是生物源高分子的成分组成，而不是其含量；Peldszus 也发现水中蛋白质含量与不可逆性超滤膜污染之间存在较强的相关性。因此，我们认为 KMnO₄ 预氧化对超滤膜不可逆性膜污染的减缓作用可能与其对水中蛋白质类物质（生物源高分子的重要组成部分）更为高效的去除有关。

在 $KMnO_4$ 预氧化与 $FeCl_3$ 混凝联用对超滤膜污染的控制中，低剂量和高剂量 $FeCl_3$ 混凝（分别为 1.0mg Fe/L 和 4.0mg Fe/L）的情况有所不同。对于低剂量的 $FeCl_3$ 混凝，$KMnO_4$ 预氧化处理能够进一步降低总膜污染阻力，但是却不能进一步消减不可逆性膜污染。然而，当采用高剂量 $FeCl_3$ 混凝时，$KMnO_4$ 预氧化虽不能进一步降低总膜污染阻力，但却能在一定程度上降低不可逆性膜污染。这种现象的出现可能与水中有机物质的不同去除特性有关，尤其是不同剂量 $FeCl_3$ 混凝条件下有机膜污染物的去除特性。当采用低剂量 $FeCl_3$ 混凝时（1mg Fe/L），水样中可能仍存留较多的有机膜污染物质，$KMnO_4$ 氧化会优先去除主体膜污染物质，导致总膜污染阻力的进一步降低。但是，在高剂量的 $FeCl_3$ 混凝条件下（4mg Fe/L），水中有机物被去除的更加彻底，这样 $KMnO_4$ 预氧化就仅仅是对降低不可逆性膜污染表现出一定的作用。为了更加准确地描述预氧化和混凝过程中有机膜污染物质的去除和转化机制，仍需要采用更加先进的天然有机物表征技术进行更加深入的研究。

在针对受污染江河水开展的超滤实验中，研究了 $KMnO_4$ 预氧化与 $FeCl_3$ 混凝联用对超滤膜污染的控制效能与机理，可以得到以下结论：

（1）0.5mg/L $KMnO_4$ 氧化能够有效降低超滤膜的总膜污染阻力和不可逆性膜污染，主要是因为其可有效去除相关的有机膜污染物质。但是，$KMnO_4$ 浓度增加至 1.0mg/L 时，却不能进一步降低膜污染。尤其对于未经预过滤处理的水样，$KMnO_4$ 氧化甚至会增加不可逆性膜污染，可能是因为原位产生的二氧化锰颗粒进入到膜污染层中所致。

（2）低剂量 $FeCl_3$ 混凝（1.0mg Fe/L）同样可以有效低超滤膜的膜污染。采用 0.5mg/L $KMnO_4$ 预氧化能够进一步降低总膜污染阻力。LC-OCD 的分析结果表明 $KMnO_4$ 预氧化对膜污染的控制作用可归咎于其在 1.0mg Fe/L 混凝基础上对水中生物源高分子更为高效的去除。但是，研究中也发现 $KMnO_4$ 预氧化对不可逆性膜污染却并没有进一步的减缓作用。

（3）随着 $FeCl_3$ 混凝剂的剂量增加至 4mg Fe/L，其对膜污染的控制效果也更为明显。此时，继续加入 0.5mg/L $KMnO_4$ 进行预氧化已不能进一步降低总膜污染阻力。然而，无论是针对经过 $0.45\mu m$ 膜预过滤的水样还是未经预过滤处理的水样，$KMnO_4$ 预氧化都可在一定程度上继续降低不可逆性膜污染。这与低浓度 $FeCl_3$ 混凝时的情况有所不同，仍需进行更深入的研究以获知相关的机理。

4.2 浸没式超滤膜系统的运行过程优化调控研究

4.2.1 工艺特征

浸没式超滤膜系统的运行参数主要包括超滤膜通量、过滤时间、反冲洗时间、排泥周期、排泥模式等，这些参数对超滤膜运行效能有着重要的影响。本节的主要内容是对超滤系统运行参数进行优化调控研究，一方面在不同运行参数下，研究超滤膜对污染物的去除效能及膜污染状况；另一方面比较超滤出水与传统砂滤出水水质，以获得出水水质优异、膜污染缓慢、产水量高可以取代传统砂滤工艺的最佳运行工况。

1. 原水水质与实验用水

本实验在广东省北江流域进行，实验期间北江原水质情况如表 4-2 所示。虽然整个实验期间原水水质存在一定的波动，但针对每个运行条件进行优化时，原水水质都维持在一个相对稳定的水平。

实验期间原水水质　表 4-2

水质参数	优化工况				
	膜通量	过滤时间	反冲洗时间	排泥周期	排泥模式
水温（℃）	27.7±0.5	22.2±0.9	17.1±1.1	28.7±0.4	28.3±1.1
pH	7.62±0.04	7.39±0.04	7.24±0.04	7.42±0.04	7.42±0.05
浊度（NTU）	53.3±14.9	17.9±4.0	20.7±11.4	26.8±8.2	32.9±9.1
Al（mg/L）	1.339±0.299	0.580±0.336	0.972±0.796	0.660±0.170	0.978±0.271
Fe（mg/L）	0.988±0.246	0.486±0.152	0.592±0.401	0.577±0.128	0.840±0.218
NH_4^+-N（mg/L）	0.125±0.015	0.300±0.053	0.524±0.043	0.119±0.015	0.122±0.015
UV_{254}（cm^{-1}）	0.031±0.001	0.042±0.004	0.035±0.002	0.031±0.002	0.034±0.003
COD_{Mn}（mg/L）	2.06±0.18	2.47±0.21	2.25±0.27	1.59±0.12	1.74±0.15
TOC（mg/L）	1.173±0.062	1.953±0.141	1.970±0.234	1.085±0.075	0.914±0.069

2. 实验装置与超滤膜

本实验中采用的中试超滤系统如图 4-10 所示。该装置主要由中空纤维超滤膜组件、气泡扩散装置、鼓风机、抽吸泵、反冲洗泵、压力真空表、产水箱、电动阀门等组成，整个系统运行由 PLC 控制完成。

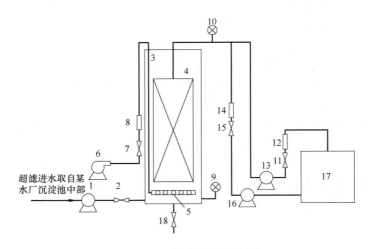

图 4-10　超滤中试系统图

1—提升泵；2—进水电动阀；3—超滤池；4—膜组件；5—气泡扩散装置；6—鼓风机；7—进气电动阀；
8—气体转子流量计；9—液位计；10—压力真空表；11—产水电动阀；12—产水液体转子流量计；13—抽吸泵；
14—反洗液体转子流量计；15—反洗电动阀；16—反洗泵；17—产水箱；18—排水阀

超滤膜池进水取自沉淀池，通过自动控制系统设置水位参数间接控制进水量，即当膜池中有效水位低于设定的最低水位时，开启进水阀进水；当膜池中有效水位高于设定的最高水位时，关闭进水阀停止进水。本实验采用恒通量、死端过滤方式，由抽吸泵提供抽吸力，使中空纤维膜管内形成负压，从而外部原水在大气压的作用下渗入膜丝内部，滤后清水流入产水箱，多余清水通过产水箱的溢流管排入废水沟。实验过程中每一个过滤周期结束之后，采用气水反冲洗方式进行水力清洗，反洗水由反洗泵从产水箱中取用，鼓风机连接膜池底部气泡扩散器进行曝气。当膜污染达到一定程度时，装置停止运行，对超滤膜进行彻底水力清洗及化学清洗，清洗药剂为次氯酸钠溶液，清水浸泡8h。其中水力清洗由PLC控制完成，化学清洗需手动完成。

压力数据通过压力传感器自动传输至存储卡，为了避免由于水温不同对跨膜压（TMP）的影响，将通过温度校准公式统一转化为20℃下的跨膜压值即TMP_{20}，以便比较不同运行条件下的膜污染情况。

实验中所用超滤膜为立升公司提供的中空纤维膜，由PVC材料制备。其他物理参数如表4-3所示。

PVC超滤膜的物理参数　　　　表4-3

名　　称	参　　数	名　　称	参　　数
膜形式	外压膜	外径(mm)	2
公称直径(μm)	0.02	有效过滤面积(m^2)	44
内径(mm)	1		

3. 实验设计

一般反洗通量为膜通量的2~2.5倍为宜，本实验设置反洗通量为80L/m^3·h，曝气强度为25m^3/m^2·h（以膜池底部面积计算）。参考多个工程实例及中试研究，最终选择本实验中优化的超滤运行工况依次为：膜通量［30L/(m^2·h)、40L/(m^2·h)、50L/(m^2·h)］、过滤时间（30min、90min、120min）、反冲洗时间（30s、60s、90s、120s、240s）、排泥周期（12h、24h、48h）及排泥模式（全排与半排）。当优化前一个参数时，后续参数设置为带有下划线的数值或模式，上一参数的优化结果用于下一参数优化过程中，且运行期间每天都取样一次进行水质检测。

4.2.2　膜通量

膜通量是超滤膜运行过程中最为重要的参数之一，采用较高的膜通量能减少总膜面积、降低基建投资、提高产水量，但也将会造成较为严重的膜污染，增加物理、化学清洗的频率，增大维护费用和运行管理的难度。因此针对具体水质和工艺特点的膜通量优化对超滤技术在实际工程中的高效应用具有重要意义。结合目前超滤在我国的应用情况，本实验中选取了30L/(m^2·h)、40L/(m^2·h)、50L/(m^2·h)三个膜通量值，考察了不同通量下的除污效能及膜污染情况。

1. 对浊度的去除效能

超滤工艺在不同膜通量下对浊度的去除效果见图4-11。实验运行期间，原水质波动幅度较大，当膜通量分别为30L/(m^2·h)、40L/(m^2·h)、50L/(m^2·h)时，原水浊度依次为53.98±13.02NTU、22.40±4.98NTU、89.62±54.97NTU。混凝沉淀单元主要去除物质包括胶体、颗粒物等，经过混凝沉淀处理后，浊度分别降低为2.04±0.46NTU、

1.37±0.07NTU、2.13±0.59NTU。在此条件下，超滤膜出水浊度均控制在 0.150NTU 以下，分别为 0.144±0.015NTU、0.132±0.005NTU、0.138±0.019NTU。可见，超滤膜对浊度的去除效能不受膜通量的影响。而且砂滤出水浊度明显高于同期超滤出水，分别为 0.201±0.028NTU、0.167±0.048NTU、0.166±0.050NTU。

浊度的去除主要由于超滤膜微小孔径强大的机械筛分作用，将体积大于膜孔的颗粒截留在膜的一侧，净水从另一侧流出。浊度与水质生物安全性息息相关，细菌、病毒等常附着于颗粒表面，本实验所用超滤膜公称直径为 $0.02\mu m$，而最小细菌的体积大于 $0.02\mu m$，因此超滤膜出水也大大提高了饮用水的生物安全性，能有效控制水介疾病传播。

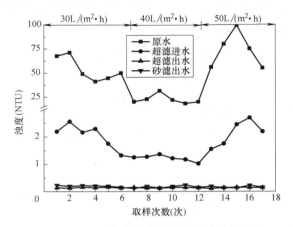

图 4-11　不同膜通量对浊度的去除效能影响

2. 对有机物的去除效能

图 4-12 为超滤膜在不同膜通量下对水中溶解性有机物指标 UV_{254} 的去除效能。膜通量优化实验期间北江原水中 UV_{254} 含量波动较小，维持在 $0.032cm^{-1}$ 左右。当膜通量分别为 $30L/(m^2 \cdot h)$、$40L/(m^2 \cdot h)$、$50L/(m^2 \cdot h)$ 时，原水中 UV_{254} 具体含量分别为 $0.030±0.001cm^{-1}$、$0.032±0.003cm^{-1}$、$0.032±0.003cm^{-1}$。经过混凝沉淀处理后降低至 $0.018±0.001cm^{-1}$、$0.020±0.001cm^{-1}$、$0.021±0.002cm^{-1}$，超滤进水浓度水平基本一致。同时，研究中发现超滤出水、砂滤出水中 UV_{254} 含量与沉淀池出水相当，表明超

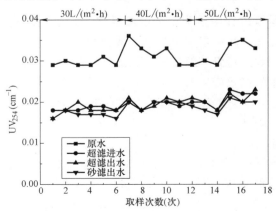

图 4-12　不同膜通量对 UV_{254} 的去除效能影响

滤膜、砂滤层对 UV_{254} 几乎无去除能力，水中 UV_{254} 主要通过混凝沉淀得到去除，平均去除率达 35%。不同膜通量对超滤膜去除 UV_{254} 的影响非常微弱。

不同膜通量下超滤膜对 COD_{Mn} 的去除特性如图 4-13 所示。实验期间原水中 COD_{Mn} 含量在 1.38~3.2mg/L 之间，平均为 2.29mg/L。混凝沉淀后对 COD_{Mn} 的去除率在 26%~66%，平均为 46%。膜通量分别为 30L/(m²·h)、40L/(m²·h)、50L/(m²·h) 时的超滤进水分别为 1.01±0.12mg/L、0.96±0.07mg/L、1.15±0.14mg/L，而膜出水分别为 0.75±0.08mg/L、0.70±0.03mg/L、0.81±0.12mg/L，相应去除率为 25.7%、27.1%、29.6%。可见，膜通量较大时，超滤膜对 COD_{Mn} 的去除率稍微升高，但涨幅不明显。而同期砂滤出水分别为 0.65±0.06mg/L、0.69±0.07mg/L、0.76±0.09mg/L，均低于超滤出水。

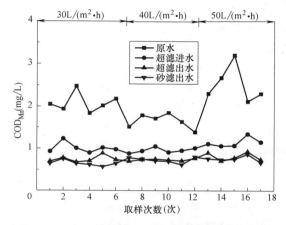

图 4-13　不同膜通量对 COD_{Mn} 的去除效能影响

图 4-14 显示了不同膜通量运行条件下超滤膜对总有机碳 TOC 的去除效果。可见，实验期间原水 TOC 含量波动较小，在 1.012~1.572mg/L 之间，平均为 1.292mg/L。混凝沉淀后对 TOC 的去除率在 2%~30% 之间，平均为 16%。膜通量为 30L/(m²·h)、40L/(m²·h)、50L/(m²·h) 时的超滤进水分别为 1.002±0.079mg/L、0.920±0.169mg/L、

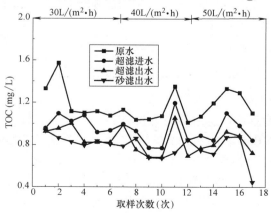

图 4-14　不同膜通量对 TOC 的去除效能影响

0.933±0.136mg/L，超滤出水分别为 0.893±0.082mg/L、0.810±0.176mg/L、0.821±0.104mg/L，相应去除率为 11.1%、11.9%、12%左右。但超滤出水的 TOC 浓度要高于同期砂滤出水（分别为 0.845±0.053mg/L、0.764±0.087mg/L、0.733±0.219mg/L）。可见超滤对 TOC 的去除趋势与 COD_{Mn} 相一致，且 TOC 去除率高于 UV_{254} 但低于 COD_{Mn}。

超滤对有机物的去除结果分析原因有三个：①UV_{254} 代表水中溶解性有机物，其分子尺寸远小于超滤膜孔径，初期吸附饱和之后便不能通过机械筛分作用被截留，使其去除率远低于 COD_{Mn} 和 TOC 去除率；②膜通量越大，膜表面的污泥层越紧实，虽然加速了膜污染，但对有机物的二次截留能力增强，去除有机物能力略有提高；③由于砂滤池经过长期运行，形成了稳定的微生物系统，部分小分子有机物易通过生物降解作用得到去除，导致砂滤出水总有机物含量低于超滤出水。

3. 对其他污染物的去除效能

由表 4-4 可知，膜通量分别为 30L/(m²·h)、40L/(m²·h)、50L/(m²·h) 时，浸没式超滤系统对 NH_4^+-N 的去除率分别达到 44.4%、23.5%、22.1%左右，对 NO_2^--N 的去除率分别为 6.7%、3.8%、1.8%左右。可见三种膜通量下超滤系统的去除效果并不特别理想，且随着通量增大效果进一步减弱。原因可能是 NH_4^+-N、NO_2^--N 的去除主要依靠于生物作用，尽管实验期间水温在 27℃左右，但超滤系统在每一通量下均只运行 5d，与此同时微生物在排泥期间随混合液流出膜池，导致膜池中微生物系统尚未稳定，硝化作用削弱。

不同膜通量下，超滤对 Al 去除率均高达 85%以上，超滤出水中几乎未检测出 Fe。这主要是部分金属离子与反应池中投加的混凝剂形成了大分子聚合物-金属络合物，将离子态转化为絮体态，从而被超滤膜高效拦截去除。

不同膜通量对其他污染物的去除效能影响　　　　表 4-4

水质指标	膜通量 L/(m²·h)					
	30		40		50	
	超滤进水	超滤出水	超滤进水	超滤出水	超滤进水	超滤出水
NH_4^+-N(mg/L)	0.099±0.033	0.055±0.040	0.081±0.026	0.062±0.018	0.077±0.042	0.060±0.036
NO_2^--N(mg/L)	0.045±0.009	0.042±0.007	0.026±0.006	0.025±0.004	0.022±0.012	0.022±0.011
Al(mg/L)	0.132±0.012	0.024±0.005	0.139±0.018	0.030±0.003	0.131±0.068	0.020±0.006
Fe(mg/L)	0.038±0.011	0	0.038±0.007	0.001±0.003	0.048±0.030	0.001±0.002

4. 对 TMP 增长的影响

图 4-15 显示了超滤膜不可逆污染的增长趋势。本阶段实验每一过滤周期后都要进行时长 90s 的反冲洗，采用反冲洗后记录的 TMP 描述不可逆污染的增长趋势，以便分析。

如图 4-15 所示，运行初期（24h 内），膜通量为 40L/(m²·h)、50L/(m²·h) 时，TMP 呈陡然上升趋势，分别从初始的 15.53kPa、16.23kPa 增至 20.16kPa、24.18kPa。而通量为 30L/(m²·h) 时，TMP 由 15.53kPa 增长至 17.95kPa，增长缓慢。过滤初期，超滤进水中污染物质在高通量压力作用下，易于迅速积累在膜表面，形成污泥层，导致 TMP 迅速增长。

随着运行时间加长，系统进入亚稳期，TMP增长速率减缓。可能由于采用了反冲洗、排泥等手段，使膜表面的污染物积累逐渐趋于动态平衡。最终经过120h后，膜通量分别为30L/(m²·h)、40L/(m²·h)、50L/(m²·h)时，跨膜压平均增长速率分别为1.15kPa/d、2.05kPa/d和3.25 kPa/d。

有机物是主要的膜污染物质，当超滤进水中有机物含量基本一致时，膜通量越大，跨膜压增长速率越大，这是由于颗粒物、有机物等向膜表面迁移和沉积的速度在较高的膜通量下也将成比例增大，促使膜污染快速形成并进行累积，跨膜压随之增加。同时，随着膜通量的增大，运行能耗也相应增加，对应于30L/(m²·h)、40L/(m²·h)、50L/(m²·h)三种膜通量的吨水耗电量分别为0.158kW·h、0.160kW·h、0.167kW·h。综合评价三种膜通量下超滤膜的制水能力、膜污染、能耗情况，可认为当采用40L/(m²·h)的膜通量时，可提高超滤膜的制水能力，同时不会显著增大超滤膜的污染和运行能耗，因此可认为本研究条件下超滤膜的优化通量为40L/(m²·h)。

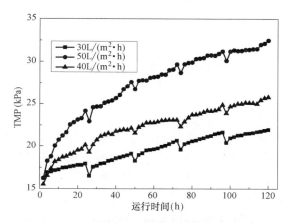

图4-15　不同膜通量对超滤膜污染的影响

4.2.3　过滤时间

对于浸没式超滤膜，其运行过程主要是由抽吸过滤、反冲洗以及阶段性的放空排泥等组成。过滤时间是指超滤膜持续抽吸产水的时间，过滤时间长时产水率提高，设备运行管理简单，但相应的污染物在膜表面的累积时间长，出水水质可能会变差，膜污染可能变得严重。因此本实验针对超滤膜的最佳过滤时间进行了考察。

1. 对污染物的去除效能

表4-5显示了超滤系统在不同过滤时间下运行时，对各污染指标的去除效果。进行过滤时间优化的实验期间，原水水质波动不大，见表4-2。由两表综合可知，无论进水浊度、过滤时间如何，超滤出水浊度均稳定在0.15NTU以下，总去除率高达99%以上。当过滤时间分别为30min、90min、120min时，超滤膜系统对UV_{254}的去除率分别为6.7%、3.4%、0%，对COD_{Mn}的去除率分别为19.4%、18.8%、9.4%，对TOC的去除率分别为8.1%、7.1%、7.7%。可见，超滤处理效果并未明显受过滤时间影响，而是与进水有机物含量呈现出一致的趋势。不同过滤时间时对NH_4^+-N的去除率均在17%左右，同时出现了NO_2^--N富集现象。可能由于此时水温平均在22℃左右，且系统运行时间较短，

不易于形成稳定的生物系统。硝化细菌的世代时间滞后于亚硝化细菌，当水中 NH_4^+-N 被亚硝化细菌转化为 NO_2^--N 时，NO_2^--N 未能及时被转化。对金属 Al、Fe 的去除效果优异且稳定，尤其对 Fe 的去除效率几乎达到 100%。综上所述，过滤时间对超滤处理效果无显著影响。

不同过滤时间对污染物的去除效能影响　　　　　　　　表 4-5

水质指标	过滤时间（min）					
	30		90		120	
	超滤进水	超滤出水	超滤进水	超滤出水	超滤进水	超滤出水
浊度（NTU）	1.75 ± 0.45	0.113 ± 0.027	2.13 ± 0.87	0.110 ± 0.029	1.46 ± 0.76	0.104 ± 0.026
UV_{254}（cm^{-1}）	0.030 ± 0.002	0.028 ± 0.001	0.029 ± 0.001	0.028 ± 0.001	0.027 ± 0.005	0.027 ± 0.005
COD_{Mn}（mg/L）	1.85 ± 0.23	1.49 ± 0.12	1.75 ± 0.18	1.42 ± 0.27	1.59 ± 0.13	1.44 ± 0.20
TOC（mg/L）	1.853 ± 0.198	1.704 ± 0.184	1.657 ± 0.291	1.540 ± 0.236	1.659 ± 0.390	1.531 ± 0.180
NH_4^+-N（mg/L）	0.310 ± 0.070	0.256 ± 0.058	0.220 ± 0.096	0.184 ± 0.092	0.186 ± 0.053	0.157 ± 0.012
NO_2^--N（mg/L）	0.110 ± 0.015	0.128 ± 0.024	0.111 ± 0.049	0.134 ± 0.098	0.078 ± 0.023	0.011 ± 0.030
Al（mg/L）	0.198 ± 0.049	0.039 ± 0.038	0.173 ± 0.015	0.022 ± 0.010	0.151 ± 0.074	0.030 ± 0.015
Fe（mg/L）	0.058 ± 0.024	0	0.057 ± 0.008	0.001 ± 0.002	0.035 ± 0.026	0

2. 对 TMP 增长的影响

如图 4-16 所示，在第一个排泥周期内，过滤时间为 30min 时的 TMP 增长平稳，从 28.44kPa 增长至 35.37kPa，增加了 6.93kPa。而过滤时间为 90min、120min 时，TMP 骤然上升，从 28.44kPa 分别增长至 41.57kPa 和 43.48kPa，分别增加了 13.13kPa、15.04kPa，增加幅度是 30min 过滤时间的两倍以上。第二排泥周期运行过程中，TMP 进入了减速增长期，过滤时间分别为 30min、90min、120min 时，TMP 增长值分别为 5.36kPa、7.84kPa、10.76kPa。相比于第一周期，过滤时间为 90min 时的 TMP 增长速率降低了将近 50%。

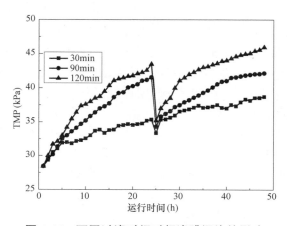

图 4-16　不同过滤时间对超滤膜污染的影响

总体而言，当过滤时间分别为 30min、90min 和 120min 时，超滤膜的跨膜压增长速率分别为 5.12kPa/d、6.86kPa/d 和 8.76kPa/d。可见，当将过滤时间从 30min 延长至

90min 时，虽然持续抽吸产水的时间增加了 2 倍，但超滤膜的 TMP 增长速率仅从 5.12kPa/d 增加至 6.86kPa/d，增加幅度很小。然而，当将过滤时间进一步延长至 120min 时，虽然持续抽吸产水的时间仅在 90min 的基础上增加了 1/3，但 TMP 增长速率却迅速增加至 8.76kPa/d。即超滤系统将长时间在高位 TMP 下运行，不仅增加运行能耗，且随着过滤时间变长，膜表面形成的滤饼层在高 TMP 作用下也会越来越密实，而压密的泥饼层不易通过水力清洗去除，膜不可逆污染也将随之变得越来越严重。因此，综合考虑超滤膜的产水效率和膜污染情况，认为过滤时间为 90min 时能较大程度地提高工作效率，为本实验中最佳过滤时间。

4.2.4 反冲洗时间

反冲洗时间也是超滤膜运行的重要参数之一，不仅能去除膜表面累积的污染物，还能减缓超滤膜的孔内污染。但反冲洗时间较长时，水回收率降低、能耗增加，故优化反冲洗时间具有重要的工程意义。

1. 对 NH_4^+-N 的去除效能

超滤在不同反冲洗时间下对 NH_4^+-N 的去除效果如图 4-17 所示。实验期间水温在 17℃左右，原水中 NH_4^+-N 的含量在 $0.406\sim0.661$mg/L 之间，平均为 0.534mg/L。流经混凝沉淀单元之后，对应于反冲洗时间为 30s、60s、90s、120s、240s 等工况，超滤进水浓度分别为 0.385 ± 0.337mg/L、0.415 ± 0.017mg/L、0.529 ± 0.006mg/L、0.519 ± 0.112mg/L、0.363 ± 0.042mg/L。经浸没式超滤系统处理后，水中 NH_4^+-N 分别降低至 0.378 ± 0.286mg/L、0.384 ± 0.026mg/L、0.475 ± 0.048mg/L、0.426 ± 0.035mg/L、0.298 ± 0.094mg/L。超滤对 NH_4^+-N 的去除率分别为 1.8%、7.5%、10.1%、17.6%、17.9%。可见随着反冲洗时间的延长，对 NH_4^+-N 的去除效果变好。

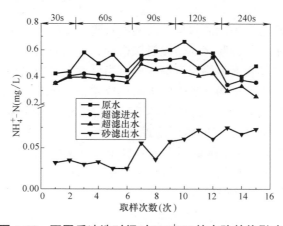

图 4-17 不同反冲洗时间对 NH_4^+-N 的去除效能影响

浸没式超滤膜系统可看作膜生物反应器，硝化细菌等可在浸没式膜滤池内生长繁殖，进而起到降解 NH_4^+-N 的作用。反冲洗时间长时，一方面使膜池中有足够的氧气，为硝化细菌的生长提供了有利条件，另一方面也可使附着于池壁和膜表面生长的硝化菌落重新悬浮于膜滤池中，处于完全混合状态，故而有利于 NH_4-N 的降解。本实验期间水温在 17℃左右，水温较低，且每一参数运行时间较短，不利于菌落的形成，而超滤膜本身对 NH_4^+-

N 无截留能力，故对 NH_4^+-N 的去除效果整体处于较低的水平。同期砂滤出水 NH_4^+-N 保持在 $0.025\sim0.075$mg/L 之间，这是由于砂滤池长期运行，滤料表面已经形成了稳定的生物膜系统。

2. 对 TMP 增长的影响

图 4-18 显示了不同反冲洗时间下超滤膜跨膜压增长趋势。当反冲洗时间为 30s 时，第一排泥周期内 TMP 增长特别迅速，从 15.87kPa 增长至 36.24kPa，增加了 20.37kPa，不符合实际生产应用，停止运行。当反冲洗时间增至 60s 时，跨膜压的增长速度得到了有效控制，从 15.78kPa 增长至 30.31kPa，增幅为 14.53kPa。随后随着反冲洗时间的增长，TMP 增长速度降低缓慢。

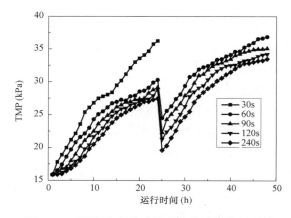

图 4-18　不同反冲洗时间对超滤膜污染的影响

总体而言，当反冲洗时间为 30s、60s、90s、120s、240s 时，TMP 增长速率分别为 20.37kPa/d、10.50kPa/d、9.61kPa/d、9.18kPa/d、8.81kPa/d。可见，30s 的反冲洗时间不能起到有效减缓超滤膜污染的效果。反冲洗对膜污染的控制作用，主要是通过水力反向冲洗使得过滤过程中沉积在膜表面的泥饼层松动、进而脱落。由于超滤过程中膜内外存在一定的跨膜压，使得膜表面泥饼层逐渐压实，当反冲洗时间较短时，不能对膜表面沉积的污染物有效清除，使得污染物在膜表面逐渐形成累积，因此 TMP 增长速率较快。

当反冲洗时间增加到 60s 时，超滤膜的 TMP 增长速率降低到 10.50kPa/d，较之 30s 时降低了 50% 左右，表现出较好的膜污染控制效果。随着反冲洗时间的进一步延长，可以看到超滤膜 TMP 的增长速率降低幅度也明显变缓，说明在 60s 的基础上再延长反冲洗时间对进一步控制膜污染的作用有限，且反冲洗能耗会进一步增加。本实验条件下，可认为 60s 是超滤膜优化的反冲洗时间。

4.2.5　排泥周期

浸没式超滤膜在运行过程中，进水中的絮体、颗粒、有机物等污染物质将会在膜滤池内形成积累，因此每隔一段时间应当及时排放膜滤池中的混合液。排泥周期短时会造成产水率降低、水资源浪费、池内微生物系统不稳定影响硝化效果等问题；而排泥周期过长也会造成膜滤池内污染物浓度的增加，加剧膜污染，不利于超滤膜的运行。因此，本实验中也对超滤膜的排泥周期进行了优化研究。

1. 对 NH_4^+-N 的去除效能

图 4-19 显示了不同排泥周期时超滤系统对 NH_4^+-N 的去除效果。实验期间，当排泥周期分别为 12h、24h、48h 时，原水中 NH_4^+-N 含量分别为 0.119±0.074mg/L、0.125±0.096mg/L、0.121±0.016mg/L，水质波动较小。经过传统单元预处理后，超滤进水浓度分别为 0.088±0.063mg/L、0.094±0.055mg/L、0.076±0.025mg/L。在浸没式超滤膜系统中，可通过生物作用将 NH_4^+-N 部分去除，出水浓度分别为 0.069±0.036mg/L、0.066±0.052mg/L、0.043±0.020mg/L，超滤系统的去除率分别为 21.6%、29.8%、43.4%。可见，排泥周期越长，对 NH_4^+-N 的去除率越高。运行期间水温在 29℃左右，利于硝化菌的生长，排泥周期长时，硝化菌在膜滤池中能够得到有效累积；同时，絮体和颗粒物也在膜池中相应累积，为微生物附着提供场所，使菌落更易于形成。

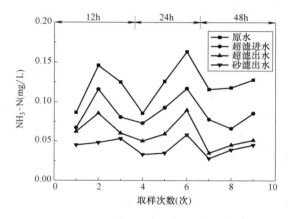

图 4-19　不同排泥周期对 NH_4^+-N 的去除效能影响

2. 对有机物的去除效能

排泥周期对超滤去除 UV_{254} 的效果影响如图 4-20 所示。当排泥周期为 12h 时，超滤进水 UV_{254} 为 0.020±0.001cm^{-1}，出水为 0.019±0.001cm^{-1}，去除率为 5%。而当排泥周期较长时，出现了超滤出水大于超滤进水的现象。可能是由于排泥周期长，膜池中滋生大量微生物，能够将部分有机物水解成小分子有机物，超滤膜对小分子有机物截留能力有

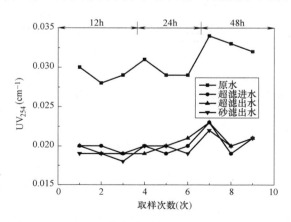

图 4-20　不同排泥周期对 UV_{254} 的去除效能影响

限。同期砂滤出水也出现了同样的现象。

如图 4-21 所示,当排泥周期为 12h、24h、48h 时,超滤进水 COD_{Mn} 含量分别为 $0.92\pm0.27mg/L$、$1.00\pm0.12mg/L$、$1.00\pm0.20mg/L$,出水为 $0.71\pm0.34mg/L$、$0.74\pm0.08mg/L$、$0.77\pm0.14mg/L$,去除率分别为 22.8%、26%、23%。

由图 4-22 可知,当排泥周期为 12h、24h、48h 时,超滤进水中 TOC 含量分别为 $0.814\pm0.131mg/L$、$0.939\pm0.559mg/L$、$0.924\pm0.214mg/L$,出水为 $0.750\pm0.092mg/L$、$0.811\pm0.523mg/L$、$0.857\pm0.141mg/L$,去除率分别为 7.9%、13.6%、9.1%。超滤膜对 COD_{Mn} 和 TOC 这两个综合有机污染指标的去除规律类似,即 24h 排泥周期条件下去除率最高。

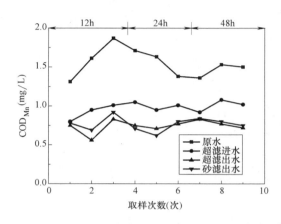 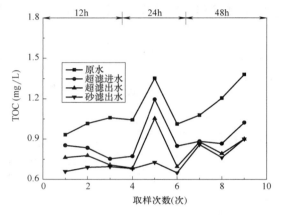

图 4-21 不同排泥周期对 COD_{Mn} 的去除效能影响　　图 4-22 不同排泥周期对 TOC 的去除效能影响

当排泥周期延长时,浸没式膜滤池内污染物浓度升高,在膜表面形成一层滤饼层,可起到二级动态膜的作用,强化有机物的截留。但长时间不排泥将导致膜池内有机物浓度过高,使出水中有机物含量升高。

3. 对其他污染物的去除效能

表 4-6 显示了不同排泥周期下超滤系统对其他污染物的去除效果。可见排泥周期长短对浊度、金属离子去除效果影响不大,超滤出水稳定且优异。而 $NO_2^- -N$ 在排泥周期短时易于产生富集现象,原因与前所述一致。

不同排泥周期对其他污染物的去除效能影响　　　　　　　　　表 4-6

水质指标	排泥周期(h)					
	12		24		48	
	超滤进水	超滤出水	超滤进水	超滤出水	超滤进水	超滤出水
浊度(NTU)	1.75 ± 0.86	0.132 ± 0.020	1.37 ± 0.07	0.132 ± 0.005	1.53 ± 0.78	0.135 ± 0.014
$NO_2^- -N(mg/L)$	0.019 ± 0.020	0.021 ± 0.019	0.025 ± 0.023	0.027 ± 0.018	0.017 ± 0.007	0.017 ± 0.008
$Al(mg/L)$	0.141 ± 0.047	0.029 ± 0.012	0.141 ± 0.043	0.032 ± 0.006	0.123 ± 0.015	0.027 ± 0.006
$Fe(mg/L)$	0.041 ± 0.014	0	0.035 ± 0.007	0	0.043 ± 0.008	0

4. 对 TMP 增长的影响

如图 4-23 所示,排泥周期对控制膜污染的效果明显,膜池每排空一次,跨膜压便会

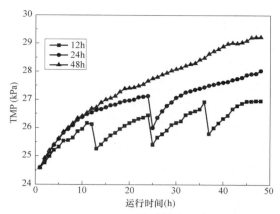

图 4-23 不同排泥周期对超滤膜污染的影响

大幅度降低，进而有效降低了跨膜压的增长速率。

当排泥周期为 12h 时，系统运行 48h，TMP 由 24.59kPa 增长至 26.96kPa，增加了 2.37kPa。排泥周期延长至 24h 时，TMP 由 24.59kPa 增长至 28.03kPa，增加了 3.44kPa，TMP 增加幅度稍有增大。而排泥周期进一步延长至 48h 时，TMP 由 24.59kPa 增长至 29.23kPa，增加了 4.46kPa。随着排泥周期的延长，TMP 增长速率也随之增大，这是因为排泥周期延长时污染物在膜池中的累积也愈加严重，在跨膜压作用下易于在膜表面和孔内沉积造成膜污染，跨膜压越高，这种效应越发明显。

综合考虑超滤膜的除污染效能、产水效率及膜污染状况，本实验条件下认为超滤膜的排泥周期宜设置在 24h 左右较为合适。

4.2.6 排泥模式

浸没式超滤膜技术作为一项开放性的水处理技术，除其本身具有强大的物理分离作用以外，还可以在膜滤池中增加其他技术措施，构成一体化的组合工艺技术以满足不同的水处理要求。例如在膜滤池中投加粉末活性炭以应对有机物污染，或者调整膜滤池中的混合液停留时间，以达到通过微生物去除 NH_4^+-N 的目的。在这种情况下，就要求在排泥时不能把膜滤池内混合液全部放空，而只能进行部分排放。因此，本研究中也针对"全排"和"半排"两种排泥模式进行了除污效能及膜污染的考察。

1. 对污染物的去除效能

由表 4-7 可知，半排和全排模式对超滤膜去除污染物的效果影响不大。在超滤进水水平一致时，超滤出水水平也相一致。无论排泥模式如何，对浊度、金属离子的总去除率均达到了 95% 以上，再次证明了超滤膜具有良好的物理截留能力。而对溶解性有机物（UV_{254}）仍然去除较差，但对总体性有机污染指标（COD_{Mn}、TOC）具有一定的去除效果。

不同排泥模式对污染物的去除效能影响 表 4-7

水质指标	排泥模式			
	半排		全排	
	超滤进水	超滤出水	超滤进水	超滤出水
浊度（NTU）	1.72±1.08	0.130±0.004	1.56±0.07	0.132±0.005

续表

水质指标	排泥模式			
	半排		全排	
	超滤进水	超滤出水	超滤进水	超滤出水
UV_{254}(cm^{-1})	0.020±0.004	0.020±0.003	0.020±0.001	0.020±0.001
COD_{Mn}(mg/L)	1.02±0.19	0.81±0.19	0.94±0.07	0.71±0.07
TOC(mg/L)	0.906±0.100	0.827±0.053	0.897±0.321	0.779±0.292
NH_4^+-N(mg/L)	0.090±0.044	0.067±0.021	0.083±0.034	0.065±0.018
NO_2^--N(mg/L)	0.038±0.015	0.035±0.014	0.025±0.006	0.024±0.004
Al(mg/L)	0.146±0.026	0.028±0.003	0.137±0.018	0.029±0.004
Fe(mg/L)	0.050±0.047	0.004±0.001	0.036±0.005	0

2. 对 TMP 增长的影响

由图 4-24 得知，"全排"和"半排"两种排泥模式对超滤膜污染的影响不大，运行 48h，TMP 从 18.17kPa 分别增长至 22.00kPa、22.3kPa，增长速率分别为 1.92kPa/d 和 2.08kPa/d。可知，排泥模式对超滤膜的膜污染并没有起到决定性的作用。因此，在超滤膜运行过程中，针对实际水质情况可考虑采用"半排"的模式，即可起到延长活性炭吸附时间、增加混合液停留时间等作用，还可减少生产废水的排放，提高产水效率。

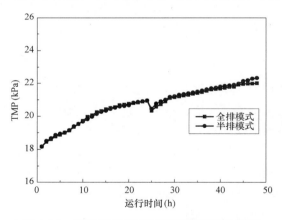

图 4-24　不同排泥模式对超滤膜污染的影响

当然，值得一提的是，本实验中由于条件所限，对两种排泥模式下的除污染特性、膜污染行为考察时间较短，有条件时仍需进行长时间的运行实验以确定排泥周期、排泥模式等参数对超滤膜除污染效能与膜污染特性的影响规律。

在中试条件下对浸没式超滤膜的运行条件进行优化，得以得出以下结论：

（1）超滤膜对浊度、金属离子的去除效果不受运行参数的影响，整个实验期间超滤出水浊度均稳定在 0.15NTU 以下，低于同期砂滤出水；Al 在 0.030mg/L 左右，几乎未检测到 Fe 存在。对浊度、金属离子的总去除率分别达到了 99%、95%以上。这都是由于超滤膜强大的机械筛分作用，几乎能够将其完全截留。

（2）超滤膜对水中 NH_4^+-N 无截留能力，主要依靠生物作用得到去除。反冲洗时间、排泥周期、排泥模式等运行条件会对反应器中微生物生长产生影响。当反冲洗时间、排泥周期越长、采用半排模式时，利于反应器中微生物的生长，NH_4^+-N 去除能力也有所增强。但砂滤池中稳定的生物膜系统对 NH_4^+-N 的去除效果稳定且优异。

（3）对于溶解性有机物 UV_{254} 而言，由于其分子尺寸小于膜孔径，无论何种运行条件参数下，超滤膜对 UV_{254} 的去除效果均不明显。但运行参数对综合性有机物 COD_{Mn}、TOC 的去除具有一定的影响。膜通量大、排泥周期适中时，去除率略有升高。

（4）膜通量越大、过滤时间越长、反冲洗时间越短、排泥周期越长时，超滤膜污染越严重；而排泥模式对膜污染的影响仍不明确。综合考虑除污染效能、产水效率及膜污染状况，得到本实验条件下超滤膜的最佳运行工况：膜通量 40L/(m²·h)、过滤时间 90min、反冲洗时间 60s、排泥周期 24h，排泥模式为"半排模式"。

4.3　曝气减缓浸没式中空纤维超滤膜污染的研究

4.3.1　研究过程与分析方法

1. 实验装置

本研究中采用的实验装置如图 4-25 所示。由图可见，膜滤池为圆柱形，有效容积为 1.0L，内径 6.5cm。实验中的膜组件由 4 根中空纤维膜丝粘结而成，膜丝材质为 PVDF，内径和外径分别为 0.85mm 和 1.45mm，孔径 0.01μm。膜丝有效长度 11.0cm，膜面积为 0.002m²。膜组件垂直浸没于膜滤池当中，膜出水由蠕动泵由膜滤池内抽出，然后再回流至膜滤池，保持池内水质的稳定。膜滤过程中 TMP 由真空压力传感器检测，并通过数据采集系统实时记录。通过位于膜滤池内膜组件底部的曝气头对膜组件进行曝气。

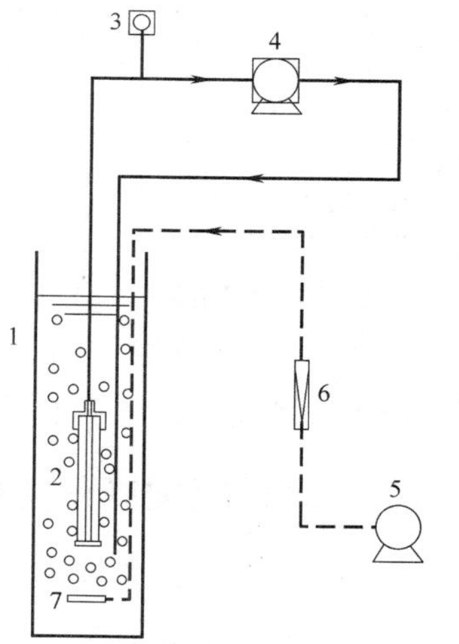

2. 运行条件

每组超滤实验都采用一个新的膜组件。实验之前，首先采用乙醇对 UF 膜组件进行"润湿"至少 60 min，然后用去离子水对超滤膜进行充分反冲和清洗，以去除膜上的乙醇。全部实验中膜通量均设置在恒定值 60L/(m²·h)。每次实验之初，首先采用膜组件超滤去离子水 20 min，以确定膜组件的初始 TMP。本研究中所用的膜组件初始 TMP 为 18±1 kPa。研究中，采用四种气体流速进行了实验，分别为 1.0m³/(m²·h)、2.5m³/(m²·h)、5.0 m³/(m²·h) 和 7.5m³/(m²·h)。曝气头也为四种，由不同粒径的砂制成，产生的气泡直径分别为 3.5mm、5.0mm、6.5mm 和 8.0mm。考察了两种进水水质情况下曝气对膜污染的影响，分别为松花江原水和水厂经混凝沉淀砂滤处理之后的滤后水，如无特殊说明，则采用松花江原水进行实验。

图 4-25　曝气实验装置示意图

1—膜滤池；2—浸没式膜组件；3—真空压力传感器；4—蠕动泵；5—空气泵；6—气体流量计；7—空气扩散器

3. 原水水质特性

采用两种原水进行了曝气延缓膜污染的实验，一种是松花江原水，一种是经混凝沉淀砂滤处理后的松花江水。两种原水的水质参数如表 4-8 所示。可见，两种原水均含有较高浓度的有机物，松花江原水中 TOC 含量为 8.558mg/L，砂滤池出水中为 7.255mg/L。而两种原水的 SUVA 值（UV_{254}/DOC）较低，平均仅为 0.0132 和 0.0120。SUVA 值代表水中溶解性有机物的芳香性。较低的 SUVA 值表明两种原水中含有一定量的亲水性有机物。

两种原水的水质特性　　　　表 4-8

水质参数	松花江原水		砂滤池出水	
	总量	溶解性组分	总量	溶解性组分
水温（℃）	10.0±0.2	—	9.9	—
pH	7.59±0.21	—	7.55	—
浊度（NTU）	11.3±1.06	—	1.68	—
有机碳（mg/L）	8.558±0.614	7.964±0.481	7.255	6.931
UV_{254}（cm^{-1}）	—	0.105±0.006	—	0.083
Al（mg/L）	0.44±0.04	0.06±0.05	0.17	0.03
Fe（mg/L）	0.43±0.03	0.02±0.02	0.06	0.00
Mn（mg/L）	0.05±0.02	0.03±0.01	0.05	0.04
Ca（mg/L）	27.68±0.19	27.38±0.12	27.44	26.98
Mg（mg/L）	7.18±0.33	7.10±0.37	7.15	7.04

此外，由表还可以看出，松花江原水中还含有一定量的 Al、Fe、Mn 等无机金属，并且主要以颗粒的形式存在。然而，绝大多数的 Ca 和 Mg 处于溶解状态。经过混凝、沉淀、砂滤处理之后，江水中大部分的颗粒和胶体物质被去除，水中浊度显著降低。

4.3.2　过滤方式对膜污染的影响

本部分实验中，考察了三种膜过滤方式对膜污染的影响。A 方式，连续抽吸，60L/（m^2·h）（按膜面积计算），不曝气；B 方式，连续抽吸，60L/（m^2·h）（按膜面积计算），连续曝气，气体流速 2.5m^3/（m^2·h）（按膜滤池底面积计算），气泡尺寸 3.5mm；C 方式，间歇抽吸，60L/（m^2·h）（按膜面积计算），抽吸 9min/停抽 1min，不曝气。三种过滤方式下 UF 膜过滤松花江水时的跨膜压增长情况如图 4-26 所示。

可见，经过 5h 的运行，三种过滤方式条件下 TMP 分别增长到−61kPa、−56kPa 和−51kPa。曝气和间歇抽吸的 TMP 较之连续抽吸分别降低 5kPa 和 10kPa。可以得出结论，无论是曝气还是间歇运行，都具有减缓膜污染的作用。在接下来的实验里，均采用抽吸 9min/停抽 1min 的间歇过滤方式，研究了曝气方式、气体流速、气泡大小等对膜污染的影响。

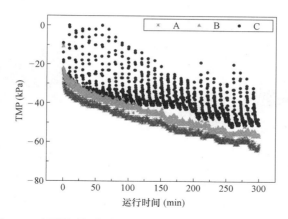

图4-26　不同运行方式下浸没式 UF 膜的 TMP 增长情况

A-连续抽吸，无曝气；B-连续抽吸，连续曝气，气体流速 2.5m³/(m² · h)，
气泡直径 3.5mm；C-间歇过滤，抽吸 9min/停抽 1 min，无曝气

4.3.3　曝气方式对膜污染的影响

本实验中，在相同的气体流速下对比了两种曝气方式，即连续曝气和间歇曝气对浸没式 UF 膜过滤松花江水时膜污染的影响。膜通量恒定在 60L/(m² · h)（按膜面积计算），间歇抽吸（抽吸 9 min/停抽 1 min）。实验分别在 1.0m³/(m² · h)、2.5m³/(m² · h)、5.0m³/(m² · h) 和 7.5m³/(m² · h)（按膜滤池底面积计算）四种气体流速下进行，气泡尺寸均为 5.0 mm。间歇曝气采用曝气 1 min/停止 9 min 的时间序列，1 min 的曝气正好在 UF 膜停止抽吸的时段进行（膜的过滤方式为抽吸 9 min/停抽 1 min）。而连续曝气则是在 10 min 内连续进行。这样，为了使间歇曝气方式下的气体量与连续曝气时相同，间歇曝气时的气体流速比连续曝气时增大 10 倍，即分别为 10m³/(m² · h)、25m³/(m² · h)、50m³/(m² · h) 和 75m³/(m² · h)。试验结果如图 4-27 所示。

由图可以看出，当气体流速为 1.0m³/(m² · h) 和 2.5m³/(m² · h) 时，经过 6h 的运行，连续曝气和间歇曝气条件下的 TMP 差别较小，分别仅为 1kPa 和 2kPa。当气体流速增加到 5.0m³/(m² · h) 时，连续曝气时 UF 膜的 TMP 增长速度则显著低于间歇曝气，超滤 6h 后 TMP 差别达到 7kPa，表明连续曝气比间歇曝气更能有效地延缓膜污染。然而，当气体流速进一步增大到 7.5m³/(m² · h) 时，连续曝气和间歇曝气条件下的跨膜压差减小到 2kPa。

在连续曝气模式下，上升气泡持续不断地刮擦膜表面，因此可较为有效地减缓膜表面浓差极化和污染层的形成。在间歇曝气模式下，空闲状态时很容易在膜表面形成浓差极化和污染层，而其一旦形成就难以通过低强度曝气（本研究中的 10m³/(m² · h)、25m³/(m² · h) 和 50m³/(m² · h)，相当于连续曝气模式的 1.0m³/(m² · h)、2.5m³/(m² · h) 和 5.0m³/(m² · h)，按膜滤池底面积计算）去除；仅当气体流速显著提高时（75m³/(m² · h)，相当于连续曝气模式的 7.5m³/(m² · h)），间歇曝气对膜污染的控制效果才达到与连续曝气相接近的程度，经 6h 运行后 TMP 差值为 2 kPa。原因可能是较高的曝气强度减小了曝气方式对膜污染的影响。无论如何，在所考察的四种气体流速下，连续曝气条件下的 TMP 均小于间歇

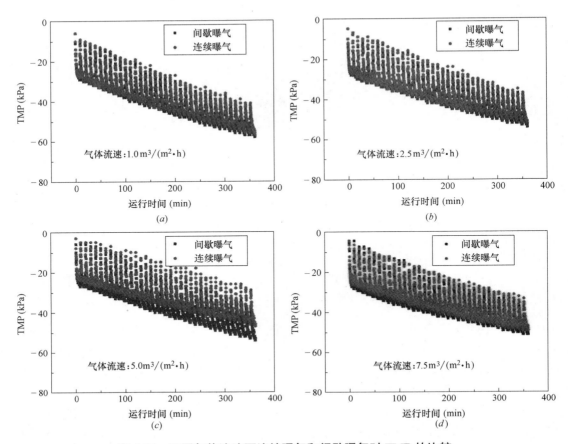

图 4-27　不同气体流速下连续曝气和间歇曝气时 TMP 的比较

（a）1.0m³/(m²·h)；（b）2.5m³/(m²·h)；（c）5.0m³/(m²·h)；（d）7.5m³/(m²·h)；气泡直径 5.0 mm

曝气，证明连续曝气比间歇曝气对于延缓膜污染更为有效。

4.3.4　气体流速对膜污染的影响

　　如前节所述，当气体流速相同时，连续曝气对膜污染的减缓作用比好于间歇曝气。这样，在接下来的实验里，就统一采用连续曝气的方式。毫无疑问，气体流速越高，膜污染就越轻；然而，气体流速过高时会显著增大能耗。因此，有必要对浸没式超滤膜系统的气体流速进行优化，在不大幅度增加曝气能耗的情况下，尽可能提高减缓膜污染的效果。

　　本部分实验中膜通量为 60L/m²·h（按膜面积计算），气泡尺寸 3.5mm。不同气体流速下浸没式超滤膜的跨膜压增长情况如图 4-28 所示。由图可见，当气体流速分别为 1.0m³/(m²·h)、2.5m³/(m²·h)、5.0m³/(m²·h) 和 7.5m³/(m²·h)（按膜滤池底面积计算）时，超滤松花江水 12h 之后，跨膜压分别增长到 −69kPa、−63kPa、−54kPa 和 −51kPa。可以看出，气体流速为 5.0m³/(m²·h) 时的 TMP 显著低于气体流速为 1.0m³/(m²·h) 和 2.5m³/(m²·h) 时，分别减小了 15kPa 和 9kPa。但是，当气体流量进一步增加到 7.5m³/(m²·h) 时，TMP 较之 5.0m³/(m²·h) 时仅降低了 3 kPa。

　　超滤过程中曝气所需的理论能耗可按下式进行计算：

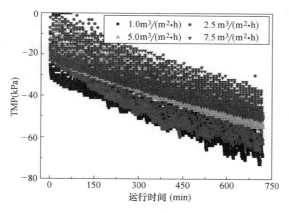

图 4-28 不同气体流速下 UF 膜 TMP 的比较（气泡直径 3.5mm）

$$E=Q\times P\times t \tag{4-1}$$

其中，P 为将空气从曝气头排出所需的有效压力，也就是膜滤池中的水压力，可按下式计算：

$$P=\rho\times g\times H \tag{4-2}$$

联合式（4-1）和式（4-2），可得曝气所需净能耗的计算公式：

$$E=Q\times\rho\times g\times H\times t \tag{4-3}$$

式中　E——有效能耗（J）；

Q——气体流速（m^3/s）；

ρ——水的密度（1000kg/m^3）；

g——重力加速度（9.81m/s^2）；

H——膜滤池中有效水深（m），本研究中为 0.30 m；

t——运行时间（s），本研究中为 12.0h=4.32×10^4s。

根据式（4-3），可以计算出当气体流速分别为 1.0m³/（m² · h）、2.5m³/（m² · h）、5.0m³/（m² · h）和 7.5m³/（m² · h）时，曝气 12.0 h 所需的能耗分别为 117.1J、292.8J、585.6J 和 878.5J。可以看出，与 1.0m³/（m² · h）的气体流速相比较，当气体流速为 2.5m³/（m² · h）时，最终 TMP 每降低 1kPa 所需的曝气能耗为 29.3J；当气体流速为 5.0m³/（m² · h）时，最终 TMP 每降低 1kPa 所需的曝气能耗为 31.2J；而当气体流速增加至 7.5m³/（m² · h）时，最终 TMP 每降低 1kPa 所需的曝气能耗增至 42.3J。应当指出，除了曝气能耗之外，在选择气体流速时还需考虑很多其他的因素，比如由于 TMP 降低而导致的浸没式超滤膜抽吸能耗下降，由于膜污染减轻而导致的反冲洗和化学清洗频率降低等。基于此，当综合考虑 5.0m³/（m² · h）和 2.5m³/（m² · h）两个气体流速之间较大的最终 TMP 差（分别为 −54kPa 和 −63kPa）和较小的比能耗差（相对于 1.0m³/（m² · h）的气体流速最终 TMP 每降低 1kPa 的能耗值分别为 31.2J 和 29.3J）时，可以认为 5.0 m³/（m² · h）是本实验条件下的优化气体流速。

4.3.5　气泡大小对膜污染的影响

以前已有研究发现气泡大小会对管状膜以及一些特殊构型的中空纤维膜的膜污染情况

产生影响，认为当气泡直径较大时由于可形成塞流而对膜污染的减缓作用更为明显。但是在正常构型的浸没式中空纤维超滤膜系统中，是不能形成塞流的。为确定气泡大小在常规浸没式中空纤维膜系统中对膜污染的影响，研究中采用直径分别为 3.5mm、5.0mm、6.5mm 和 8.0mm 的气泡在相同的气体流速下开展了实验。实验中膜通量恒定在 $60L/m^2 \cdot h$（按膜面积计算），气体流速为 $5.0m^3/(m^2 \cdot h)$（按膜滤池底面积计算）。

由图 4-29 可以看出，当气泡直径为 8.0 mm 时，超滤松花江水 10h 之后，跨膜压达到 $-66kPa$。当气泡直径逐渐减小到 6.5mm、5.0mm 和 3.5mm 后，UF 膜的跨膜压分别降低到 $-59kPa$、$-55kPa$ 和 $-50kPa$。因此，可以得出结论，在常规浸没式低压膜系统中，气泡尺寸越小，曝气对膜污染的减缓作用就更加突出。原因可能如下：气泡直径越小，同样气体流速条件下的气泡数量就越大；这样，就可以在膜表面产生更强的振动和摩擦，产生的剪切力也就越大。本实验针对常规中空纤维超滤膜中关于曝气的研究结果与管状膜正好相反。

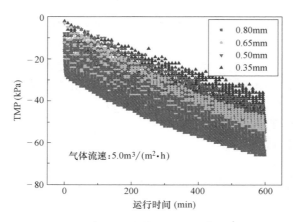

图 4-29　不同气泡尺寸情况下 UF 膜 TMP 的比较

4.3.6　进水水质对膜污染的影响

研究中针对两种进水水质考察了曝气对膜污染的减缓作用，一种是松花江原水，另一种是取自自来水厂的经混凝、沉淀、砂滤处理的滤后水。两种进水的水质如表 4-8 所示。超滤这两种原水过程中跨膜压的增长情况如图 4-30 所示，实验在相同的操作条件下进行，膜通量为 $60L/(m^2 \cdot h)$（按膜面积计算），气体流速为 $5.0m^3/(m^2 \cdot h)$（按膜滤池底面积计算），气泡直径 8.0 mm。应当指出的是，尽管前一节已经证明气泡的尺度越小，其对超滤膜污染的减缓也就越有效；但是，当气泡尺度过小时，将很难采用通常的空气扩散系统如实际浸没式膜系统中常用的穿孔曝气管产生，这也是留待解决的一个非常重要的实际工程问题。为使研究结果与实际情况更加吻合，该部分研究中采用了 8.0mm 的气泡进行曝气，以考察进水水质对超滤膜污染的影响。

由图可知，水厂滤后水虽然已经混凝、沉淀、砂滤处理，但超滤过程中仍产生了较为明显的膜污染，这应该是由水中残留的颗粒性物质（浊度为 1.68 NTU）和有机物组分（DOC 为 6.931mg/L）共同作用造成的。然而，由图 4-30 也能看到，当超滤水厂滤后水时，TMP 的增长速度要显著低于超滤松花江原水时的情况，运行 12h 后的 TMP 分别为

—41kPa 和—60kPa，差别达到 19kPa。由表 4-8 可以看出，两种进水的主要差别是砂滤池滤后水的浊度比松花江原水明显降低（分别为 1.68 NTU 和 11.3 NTU），DOC 浓度也有一定的差别（分别为 7.964mg/L 和 6.931mg/L）。进水中的颗粒和胶体性物质在膜抽吸过程中可以在膜表面形成一层泥饼层，从而与水中的有机物组分协同造成膜污染（详见本书 3.2 节）。因此，即使是在曝气的情况下，也有必要在水进入膜滤池之前尽可能地去除其中的膜污染物质，从而延缓膜污染。

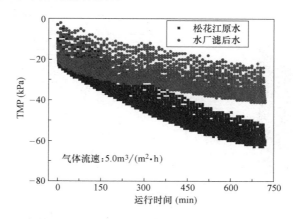

图 4-30 不同原水水质时 UF 膜 TMP 的比较（气泡直径 8.0mm）

本部分研究考察了曝气方式、曝气量、气泡尺寸等曝气特性对浸没式超滤膜处理松花江水过程中膜污染的影响，实验过程中超滤膜采用间歇抽吸方式，抽吸 9min/停抽 1min。结果表明，在 1.0m³/(m²·h)、2.5m³/(m²·h)、5.0m³/(m²·h) 和 7.5m³/(m²·h)（以膜滤池底面积计算）四种曝气量下，连续曝气方式下 UF 膜的 TMP 均低于间歇曝气方式，即曝气量相同时连续曝气比间歇曝气更有利于延缓膜污染。曝气量越大，TMP 增长速度就越低；当同时考虑对膜污染的延缓作用和能耗时，本研究中确定最佳曝气量为 5.0m³/(m²·h)。同时，实验中也发现，对于常规构型的浸没式 UF 膜而言，气泡尺寸越小（本研究中采用的四种气泡直径分别为 3.5mm、5.0mm、6.5mm 和 8.0mm），膜的 TMP 增长越缓慢，即越有利于延缓膜污染。通过对比超滤松花江原水和滤后水时的 TMP，发现即使是在有曝气的情况下，也应在膜滤之前尽可能去除水中的膜污染物质，以更好地防止膜污染。

4.4 受污染 PVC 超滤膜的化学清洗研究

4.4.1 研究方法

1. 实验装置
本部分研究中采用的实验装置如图 4-31 所示。实验装置主要由膜滤池、蠕动抽吸泵、真空压力传感器和数据采集系统组成。实验所用原水取自松花江——中国北方地区的一个主要饮用水源。浸没式中空纤维膜组件在实验室黏结而成，中空纤维膜丝材质为聚氯乙烯（PVC），内外径分别为 0.85mm 和 1.45mm，膜孔径 0.01μm。每个膜组件包含 10 根膜丝，有效长度 22.0cm，有效膜面积 0.01m²。膜组件垂直浸没于膜滤池中，膜滤池有效容积 1.2L。膜的渗透液由蠕动抽吸泵由膜滤池抽出，然后再回流到膜滤池，以维持池内水质稳定。运行过程中 TMP 由真空压力传感器检测，由计算机上的数据采集系统实时记录。

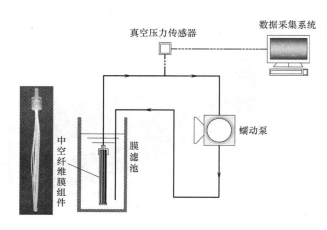

图 4-31　化学清洗实验装置示意图

2. 运行条件

采用新膜超滤松花江水之前，首先采用乙醇对膜进行润湿至少 60min。实验中，膜通量采用了较高的值 40L/(m²·h)，以加速膜污染，缩短实验周期。实验之初，首先用膜组件超滤去离子水 20min，以确定膜的初始阻力（R_m）。之后，膜滤池内进水换为松花江水进行膜污染试验，死端超滤 6.0h。

膜污染实验完成之后，用海绵彻底擦洗膜丝并采用去离子水彻底清洗，以去除膜表面引起不可逆污染的泥饼层。然后，以此膜再次超滤去离子水 20 min，以确定膜的不可逆污染（R_{irr}）。之后，膜滤池内换成 1％NaOH、2％柠檬酸或乙醇，对膜进行化学清洗 30min。然后，膜再次过滤去离子水，以确定化学清洗后膜的阻力，并计算不同化学清洗药剂的清洗效率。

3. 原水水质特性

本部分研究所采用的原水为松花江水，实验期间原水的水质指标如表 4-9 所示。松花江水中有机物含量较高，TOC 平均浓度达到 8.2mg/L；而 SUVA 值平均为 0.0154，表明水中有着较高含量的亲水性有机物质。同时，松花江水中也检测到如 Al、Fe、Mn 等无机物质，但主要是以颗粒形态存在，因此可推断由这些无机金属的溶解性组分所造成的膜内孔污染是很小的。

松花江水的水质指标　　　　　　　　　　　　　　　　　　表 4-9

水质指标	总量	溶解性组分
水温（℃）	17.2±1.2	——
pH	7.74±0.16	——
浊度（NTU）	17.8±6.8	——
有机碳（mg/L）	8.200±0.819	7.255±0.503

续表

水质指标	总量	溶解性组分
$UV_{254}(cm^{-1})$	—	0.112 ± 0.022
$Al(mg/L)$	0.78 ± 0.24	0.12 ± 0.10
$Fe(mg/L)$	0.57 ± 0.17	0.08 ± 0.07
$Mn(mg/L)$	0.05 ± 0.01	0.02 ± 0.01

4.4.2 碱和酸清洗中空纤维 PVC 膜

NaOH 广泛用于清洗地表水处理中受污染的膜，其清洗效率根据膜材料、膜类型以及膜主要污染物的不同而或高或低。然而，由图 4-32 可以看出，在本实验中，当采用 1% 的 NaOH 清洗受污染的中空纤维 PAC 膜 30min 后，膜的不可逆阻力却较之清洗前有所增加，平均清洗效率为负值（-14.6%）。其原因将在本书 4.4.6 节进行探讨。

一方面，当采用 2% 的柠檬酸对污染后的膜化学清洗 30min 后，对膜的不可逆阻力去除率为 10.9%。已有研究表明，金属物质如 Fe、Mn、Al 等会造成膜的不可逆污染，对于这些无机金属造成的污染，采用酸溶液进行清洗非常有效。但是，本实验采用的松花江原水中溶解性无机金属的含量较低（表 4-9）。另一方面，虽然酸洗能去除某些有机性的膜污染物质如碳水化合物等，但一般情况下天然江水中的这些有机物质含量也很低。因此，通过柠檬酸清洗中空纤维 PVC 膜仅取得了 10.9% 的清洗效率。

根据以上讨论，采用 NaOH 碱洗的清洗效率为负值（-14.6%），柠檬酸的清洗效率虽为正值，但效率较低（10.9%）。因此，采用 NaOH 和柠檬酸联合清洗对受污染膜不可逆阻力恢复的情况也应该不会太理想。如图 4-32 所示，当 1%NaOH 清洗 30min 后再以 2% 柠檬酸清洗 30min，膜不可逆阻力的去除率仍为负值（-4.5%）。

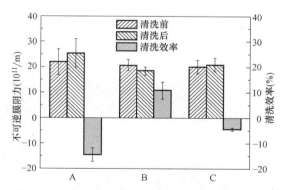

图 4-32 碱和酸对中空纤维 PVC 膜的清洗效率

A-1%NaOH，30min；B-2% 柠檬酸，30min；C-1%NaOH，30min+2% 柠檬酸，30min

4.4.3 碱和乙醇联合清洗中空纤维 PVC 膜

为恢复地表水处理中受污染 PVC 膜的渗透性，研究中考察了乙醇作为一种有机溶剂的化学清洗效能，结果如图 4-33 所示。当采用 1%NaOH 清洗受污染中空纤维 PVC 膜之后，再采用乙醇清洗 30min，污染膜的不可逆阻力显著降低，清洗效率平均达到 85.1%。

单独采用乙醇进行化学清洗时，污染膜的不可逆阻力去除率平均达到 48.5％。这表明 30min 的 1％NaOH 清洗对膜通量恢复的贡献平均为 36.6％（85.1％～48.5％），这与本书 4.4.2 节的结果矛盾，将在下面进行分析说明。

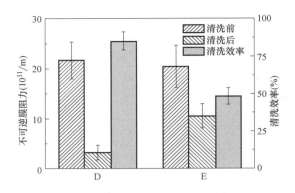

图 4-33　碱和醇对中空纤维 PVC 膜的清洗效率

D-1％ NaOH，30min＋乙醇，30min；E-乙醇，30min

4.4.4　碱和乙醇联合清洗中空纤维 PVC 膜的表面的显微观察

在本书 4.4.3 节中，通过对比 1％NaOH 30min＋乙醇 30min 和单独乙醇 30min 的清洗效果，推断出 30min 的 1％NaOH 对去除膜不可逆阻力的贡献为 36.6％；而本书 4.4.2 节中，通过实验确定 NaOH 对膜的清洗效率为负值（－14.6％）。为明确这一点，对清洗前后的膜进行了 SEM 和 AFM 观察。

如图 4-34（a）所示，新的中空纤维 PVC 膜表面非常整洁平滑，而当膜在超滤松花江水的过程中受到污染之后，即使经海绵彻底擦洗之后，其表面也覆盖着一层凹凸不平的凝胶层，如图 4-34（b）所示，这层凝胶层不能通过物理方法去除。然而，当采用 1％NaOH 清洗 30min 之后，大部分膜表面的污染物质被去除，如图 4-34（c）所示；当再次采用乙醇清洗 30min 之后，膜表面几乎恢复了光滑平坦的表面形态，污染物形成的凝胶层也几乎全部消除，如图 4-34（d）所示。

(a)

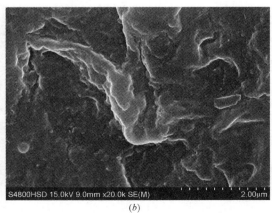

(b)

图 4-34　膜表面的 SEM 照片（一）

（a）新膜；（b）海绵擦洗后的污染膜

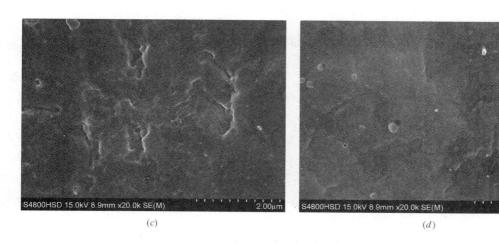

(c)　　　　　　　　　　　　　　　　(d)

图 4-34　膜表面的 SEM 照片 （二）

（c）1％NaOH 清洗 30min 后的污染膜；（d）1％NaOH 清洗 30min＋乙醇清洗 30min 后的污染膜

　　为了更加透彻地表征 NaOH 与乙醇联合清洗受污染膜时膜表面污染层的变化特征，研究中还采用了三维原子力显微镜技术进行分析。如图 4-35 所示，新膜表面的膜孔清晰可见，然而，膜污染后表面变得模糊，其上的空洞和线条都变得难以识别。采用 1％

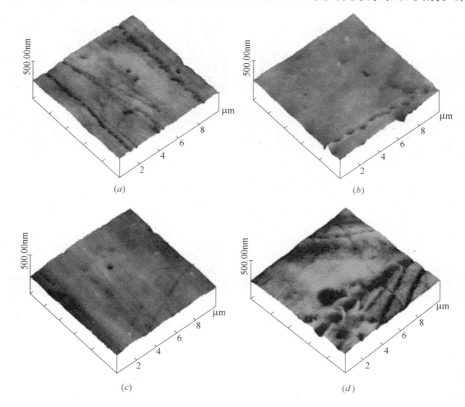

(a)　　　　　　　　　　　　　　　　(b)

(c)　　　　　　　　　　　　　　　　(d)

图 4-35　膜表面的三维 AFM 照片 （书后附彩图）

（a）新膜；（b）海绵擦洗后的污染膜；（c）1％NaOH 清洗 30min 后的污染膜；

（d）1％NaOH 清洗 30min＋乙醇清洗 30min 后的污染膜

NaOH 清洗 30min 之后，膜表面形貌变得清晰许多；当进一步采用乙醇清洗 30min 之后，膜表面恢复了棱角分明的视野，很显然，膜表面的污染物已被去除。

4.4.5　碱和乙醇联合清洗中空纤维 PVC 膜的断面的显微观察

研究中还对 NaOH 和乙醇清洗 PVC 中空纤维膜前后膜丝的断面进行了 SEM 显微观察，以评价 NaOH 和乙醇对膜的孔内污染的去除情况。对比图 4-36 (a)、(b) 可以看出，在膜超滤江水过程中，污染物质甚至附着于膜的骨架层之上，使得靠近膜表面的孔道变得狭窄而模糊。该骨架层位于表面活性膜层（孔径 0.01μm）以下，作为活性膜层的支撑材料。经过 30min 的 1%NaOH 清洗，一部分沉积在孔墙上的内部污染物质被去除，如图 4-36 (c) 所示。当进一步采用乙醇清洗 30min 后，膜的内部结构又变得清晰，内部污染物质几乎被完全去除，恢复了原来整洁形貌，如图 4-36 (d) 所示。

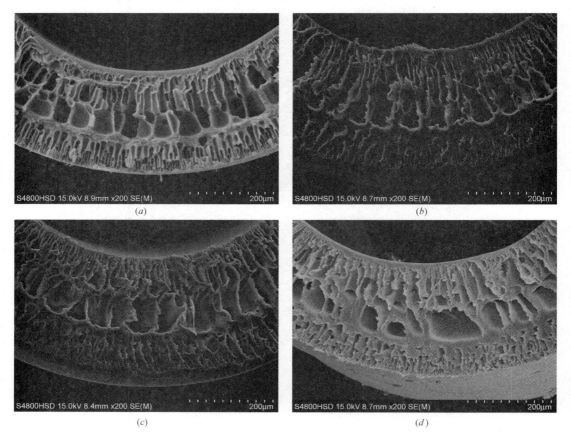

图 4-36　膜断面的 SEM 照片
(a) 新膜；(b) 海绵擦洗后的污染膜；(c) 1%NaOH 清洗 30min 后的污染膜；
(d) 1%NaOH 清洗 30min＋乙醇清洗 30min 后的污染膜

为进一步确定 NaOH 和乙醇联合清洗对膜上污染物质的去除效能，采用原子力显微镜断面分析技术对碱和醇清洗前后膜的断面特征进行了考察。前人的研究中曾采用这个技术成功地对松花江水中有机物和膜污染特性进行了表征。

　　由图 4-37 所示，实验中采用的 PVC 新膜断面呈锯齿状结构。然而，超滤松花江水之后，断面上绝大多数的低谷都被污染物质所填平，断面变得平坦。当采用 1％的 NaOH 清洗 30min 之后，断面上的锯齿状结构得到了一定程度的恢复。进一步采用乙醇清洗 30min 之后，沉积于膜上的污染物几乎全部消失，膜断面又恢复了原来的锯齿形状。

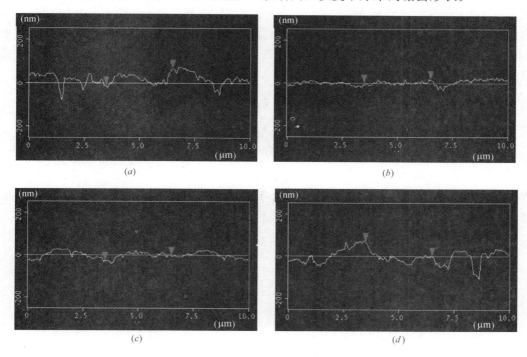

图 4-37　AFM 断面分析

（a）新膜；（b）海绵擦洗后的污染膜；（c）1％NaOH 清洗 30min 后的污染膜；
（d）1％NaOH 清洗 30min＋乙醇清洗 30min 后的污染膜

　　AFM 断面分析还提供了膜表面的粗糙度，以定量表征膜污染。本研究中采用了两个粗糙度参数进行说明，一是轮廓算术平均偏差（R_a，在取样长度内轮廓偏距绝对值的算术平均值），二是微观不平度十点高度（R_z，在取样长度内 5 个最大的轮廓峰高的平均值与 5 个最大的轮廓谷深的平均值之和）。碱、醇清洗前后 PVC 膜表面的粗糙度如表 4-10 所示。

清洗前后膜样品的粗糙度（单位：nm）　　　　　　　　　　　　　　表 4-10

膜样品	R_a	R_z
M1	16.7	51.2
M2	4.7	19.4
M3	10.9	34.8
M4	15.3	48.2

注：M1-新膜；M2-海绵擦洗后的污染膜；M3-1％NaOH 清洗 30min 后的污染膜；M4-1％NaOH 清洗 30min＋乙醇清洗 30min 后的污染膜。

R_a——轮廓算术平均偏差；R_z——微观不平度十点高度。

由表可见，实验中新膜的表面粗糙度较高，R_a 和 R_z 分别为 16.7nm 和 51.2nm。在超滤松花江水的过程中，表面粗糙度显著减小，即使经海绵擦洗后，R_a 和 R_z 值也仅有 4.7nm 和 19.4nm，这主要是因为污染物在膜内孔的沉积，无法通过物理方法将其去除。1% 的 NaOH 清洗 30min 后，表面粗糙度参数 R_a 和 R_z 均有所增加，分别达到 10.9nm 和 34.8nm，对应的恢复率为 52% 和 49%。进一步采用乙醇清洗 30min 之后，R_a 和 R_z 分别增加到 15.3nm 和 48.2nm，恢复率分别为 88% 和 91%，膜表面粗糙度几乎恢复到了初始的状态。NaOH 和乙醇清洗后膜表面粗糙度的恢复率与本书 4.4.3 节中膜不可逆阻力的去除效率相对应。

4.4.6　碱和乙醇联合清洗中空纤维 PVC 膜的接触角变化

前人的研究证明，在饮用水处理中，NaOH 溶液可从污染后的膜上洗脱出大量的有机膜污染物，包括碳水化合物、蛋白质、腐殖质等。根据本书 4.4.3、4.4.4 和 4.4.5 节的论述，本研究中 NaOH 也可以从 PVC 中空纤维膜上去除膜污染物质。但是，清洗实验结果又表明 NaOH 的清洗效率为负值（见本书 4.4.2 节）。为阐明这个问题，对清洗前后的 PVC 膜进行了表面的接触角测量，结果如图 4-38 所示。

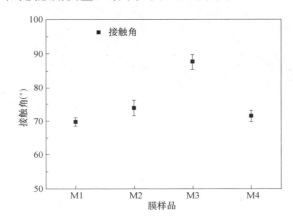

图 4-38　不同试剂清洗后膜接触角的变化

M1-新膜；M2-海绵擦洗后的污染膜；M3-1%NaOH 清洗 30min 后的污染膜；

M4- 1%NaOH 清洗 30min＋乙醇清洗 30min 后的污染膜

由图可以看出，新膜的接触角为 69.7°，超滤松花江水的过程中被污染后，接触角增加到 73.8°，膜表面憎水性有所增加，可能是因为憎水有机物在膜上的积累。采用 1% NaOH 清洗 30min 后，接触角增幅较大，达到 87.6°，PVC 膜的憎水性也随之提高。可能正是这种憎水性的提高，导致了膜水力阻力的增大，使得 NaOH 的清洗效率呈现为负值。经过进一步的乙醇清洗 30min，PVC 膜的接触角恢复为 71.4°。可以认为，乙醇清洗不但能去除膜上的污染物质，还能恢复 PVC 膜的亲水性。结果，在 NaOH 清洗后再采用乙醇进行清洗，使得污染后膜的渗透性得以恢复。

本实验系统研究了 NaOH 和乙醇联合清洗超滤松花江水过程中受污染的中空纤维 PVC 膜的效能与机理。研究发现，当采用 NaOH 对污染后的 PVC 膜进行清洗后，膜的不可逆阻力反而上升，清洗效率为负值（-14.6%）。这主要是因为膜的憎水性增强，接触角由 73.8°增加到 87.6°。当采用柠檬酸进行清洗时，膜不可逆阻力的去除率也仅有 10.9%。当采用 30min 的 1%NaOH＋30min 的乙醇对受污染的 PVC 中空纤维膜进行清洗后，不可逆膜阻力的去除率达到 85.1%。同时，实验中确定单独乙醇的清洗效率为 48.5%。据此，可推断 NaOH 清洗对膜污染去除的贡献为 36.6%。采用扫描电镜和原子力显微镜对清洗前后的膜进行了观察和分析，表明 NaOH 和乙醇能有效地协同去除中空纤维 PVC 膜表面和孔内的污染物质。考虑到乙醇使用方便、容易回收，采用 NaOH 和乙醇序列清洗受污染膜值得引起人们的注意。

第5章　超滤与混凝沉淀单元短流程适配的中试研究

我国饮用水处理领域主要采用传统的混凝/沉淀/过滤/消毒工艺，但是面对现今日益严重的水质污染以及更高的水质要求，传统水处理工艺往往很难实现理想的净水效果。以超滤技术为核心的净水工艺是取代传统工艺的最佳选择之一，并且随着膜技术的不断发展和膜价格的不断下降，超滤技术已具备在水处理领域应用推广的条件。

然而，超滤技术由于自身的特点导致其更适于构建组合工艺，其中混凝沉淀在传统工艺广泛应用，因此成为了超滤组合工艺中最具前景的预处理形式，采用超滤取代传统砂滤是目前超滤技术在实际生产中较为常用的一种方式。但是，超滤不同于传统工艺中的砂滤，因此需要站在新的角度来审视混凝沉淀过程。本章研究立足于北江水，以期寻找出一种混凝沉淀单元与超滤的最佳适配模式。

本研究采用四种不同混凝沉淀段位出水作为超滤单元的进水，构建了四种不同形式的以超滤为核心的短流程净水工艺（以下简称短流程工艺）。四种短流程工艺按制水流程长短依次为混凝/沉淀/超滤工艺、混凝/半沉/超滤工艺、混凝/超滤工艺和混合/超滤工艺。在中试的基础上，预期从技术及经济角度综合考察这四种短流程工艺，确定出超滤单元与混凝沉淀单元的最优适配方案。但是由于北江原水具有季节性污染特征，枯水期为高污染期，丰水期为低污染期，且两者之间差别明显。因此本实验首先基于污染水平较高的枯水期水质，通过中试实验考察四种短流程工艺的净水效能及运行特性，优选出符合实际的短流程工艺，即确定出超滤与混凝沉淀单元的合理适配范围。之后对优选出的短流程工艺开展了低污染期的适用性评价研究。

5.1　工艺特征

中试系统图如图 5-1 所示，实验用原水取自北江流域某水厂实际构筑物出水，取水段位分别设置在折板絮凝池的进水端、出水端和平流沉淀池的中部、出水端。构建的四种短流程工艺依据制水流程由长至短分别为混凝/沉淀/超滤工艺、混凝/半沉/超滤工艺、混凝/超滤工艺和混合/超滤工艺。为方便起见，本书图中及文中均简称为 A、B、C、D 工艺。A、B、C、D 工艺具体工艺流程如表 5-1。

其中絮凝池反应时间为 20min；平流沉淀池流速为 16mm/s，沉淀时间为 1.7h；前加氯浓度为 0.3～0.4mg/L，混凝剂采用聚合氯化铝（PAC），投加量为 10～13mg/L。另外，为确保取水水质具有代表性，均在液面以下 1m 处取水，自流进入管道系统，之后通过提升泵输送至超滤单元。

超滤单元的运行由 PLC 自动控制，并定时对跨膜压（TMP）进行检测记录，因水温的变化将会对 TMP 造成影响，为此数据处理中均采用温度校准公式将 TMP 统一归化为 20℃下的 TMP 值（TMP_{20}），以便对不同段位的超滤膜污染进行对比。

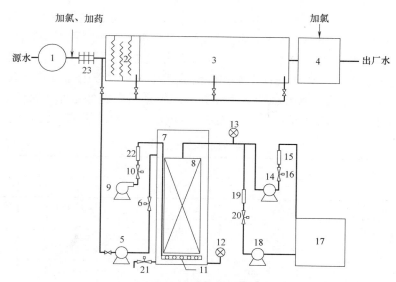

图 5-1 中试系统图

1—集水井；2—折板絮凝池；3—平流沉淀池；4—砂滤池叠合清水池；5—提升泵；6—进水流量计；7—超滤池；
8—膜组件；9—鼓风机；10—流量计；11—气泡扩散装置；12—液位计；13—压力真空表；14—抽吸泵；
15—产水流量计；16—产水阀；17—产水箱；18—反洗泵；19—反洗流量计；20—反洗阀；21—排水阀；
22—曝气流量计；23—管式混合器

四种短流程工艺的具体工艺流程 表 5-1

短流程工艺	工 艺 流 程	适配段位
A工艺	原水→预氯化→混凝→沉淀→超滤	沉淀池出水端
B工艺	原水→预氯化→混凝→半沉→超滤	沉淀池中部
C工艺	原水→预氯化→絮凝→超滤	反应池出水端
D工艺	原水→预氯化→混合→超滤	反应池进水端

实验期间超滤膜系统的相关运行参数为：膜通量 50L/(m³·h)；过滤周期 90min，反洗时间 60s，反冲洗通量 80L/(m³·h)，同时在膜组件底部设置曝气管，水反冲洗过程中也同时进行曝气，气洗强度 25m³/(m³·h)（以膜池底面积计算）；运行 16 个过滤周期（约 24h）之后对超滤膜池进行排泥，排泥量约为 1m³。

各个超滤工艺均按上述参数连续运行，直至跨膜压增长到较高水平（一般为 40～50kPa），之后停止运行，对超滤膜进行化学清洗，确保超滤膜透水性恢复至初始水平后切换至下一工艺继续运行。

实验用超滤膜为浸没式中空纤维膜，材质为 PVC，膜丝外径为 2mm，内径为 1mm，公称孔径为 0.02μm。

5.2 高污染期超滤与混凝沉淀单元的短流程适配研究

5.2.1 实验期间原水水质

各短流程工艺运行期间原水水质情况如表 5-2 所示。四种短流程工艺中 A 工艺共运行了 3d，B、C、D 工艺各运行 4d。可以看到，C、D 工艺运行期间原水具有低温、低浊、高有机物浓度的特点。而 A、B 工艺运行期间，原水水温有一定程度的升高，但由于此时北江源水径流量变化不大，致使水中有机物及营养盐浓度同 C、D 工艺仍处于同一水平。另外，A 工艺实验期间，由于北江上游强降雨造成了水中浊度及金属离子浓度有所升高，但 A 工艺适配段位为沉淀池出水端，经混凝沉淀处理后，超滤进水中浊度、金属离子浓度已降至较低水平，原水浊度及总 Al、总 Fe 浓度的变化对此影响不大。

实验期间原水水质 表 5-2

水质参数	高污染期			
	A 工艺	B 工艺	C 工艺	D 工艺
水温（℃）	22.38±0.35	23.29±0.35	14.42±1.30	13.52±0.37
细菌总数（CFU/mL）	1392±215	1311±204	496±319	573±311
浊度（NTU）	25.66±5.66	12.10±5.41	13.16±4.34	9.75±0.49
Al(mg/L)	0.355±0.081	0.223±0.090	0.149±0.022	0.295±0.078
Fe(mg/L)	0.457±0.078	0.316±0.054	0.162±0.047	0.345±0.133
TOC(mg/L)	1.75±0.20	1.77±0.16	1.91±0.19	1.76±0.08
COD_{Mn}(mg/L)	2.25±0.28	2.23±0.37	2.40±0.34	2.38±0.14
UV_{254}(cm^{-1})	0.040±0.003	0.038±0.003	0.034±0.005	0.031±0.007
NH_4^+-N(mg/L)	0.301±0.039	0.253±0.049	0.271±0.064	0.231±0.028
NO_2^--N(mg/L)	0.080±0.018	0.095±0.031	0.056±0.004	0.070±0.008

5.2.2　不同短流程工艺对浊度和细菌的去除效能研究

1. 对浊度的去除效能

浊度是一项重要的饮用水水质指标，它不仅反映了水中悬浮物质的含量，还与水的微生物学安全性存在正相关关系。图 5-2 为不同短流程工艺对水中浊度的去除效能比较。随着实验的进行，不同短流程工艺的原水浊度呈现出局部上升整体下降的趋势，依次为 25.66±5.66NTU、12.10±5.41NTU、13.16±4.34NTU、9.75±0.49NTU。而随着超滤与常规混凝沉淀单元耦合的段位逐渐前移，超滤膜池的进水浊度越来越高，依次为 2.17±0.30NTU、3.25±0.78NTU、7.58±1.06NTU、9.03±0.86NTU。但是，无论原水和超滤进水的浊度如何变化，超滤出水的浊度始终稳定在 0.1NTU 左右，依次为 0.084±0.010NTU、0.100±0.006NTU、0.100±0.005NTU 和 0.103±0.004NTU，显著低于同期传统水处理流程中砂滤池的出水情况（分别为 0.189±0.064NTU、0.170±0.038NTU、0.249±0.047NTU、和 0.219±0.074NTU）。

由此可知，无论超滤是在何种段位与混凝沉淀单元耦合，四种短流程工艺均能保证对浊度稳定而优异的去除效果，这是因为超滤膜主要依靠其纳米级的孔径实现对颗粒性物质的物理截留，因此不受进水水质条件的影响。此外，由于水中的细菌、病毒等微生物通常是附着于颗粒性物质之上，因此相较于传统工艺，包含超滤单元的短流程工艺对水中浊度的强化去除也必将极大地提高饮用水的生物安全性，从根本上抑制水中致病菌的传播，降低水介传染病的暴发风险。

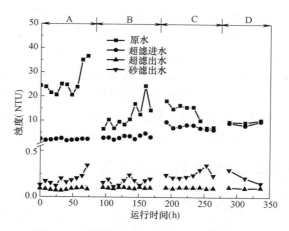

图 5-2 不同短流程工艺除浊度效能比较

2. 对细菌的去除效能

由图 5-3 可知，A、B 工艺运行期间原水细菌总数较 C、D 工艺高，依次为 $1392\pm$ $215CFU/mL$、$1311\pm204CFU/mL$、$496\pm319CFU/mL$ 和 $573\pm311CFU/mL$。这种差异是由于 A、B 工艺运行期间原水水温上升至 20℃，适于微生物繁殖，而 C、D 工艺水温仅为 13℃左右。各工艺条件下超滤进水中细菌总数均下降至一个较低水平，依次为 $41\pm$ $23CFU/mL$、$38\pm9CFU/mL$、$16\pm8CFU/mL$ 和 $47\pm9CFU/mL$。可以看出，超滤进水细菌总数与混凝沉淀预处理过程的长短不具有相关性，而波动是由于各工艺运行期间预氯化过程中加氯量的波动以及原水细菌总数的波动造成的。经超滤单元处理后，各工艺出水中细菌总数的检测结果多数为 $0CFU/mL$，部分结果为 $1CFU/mL$ 或 $2CFU/mL$。这可能有两方面原因：①实验用超滤膜公称孔径为 $0.02\mu m$，虽然小于已知的最小细菌 $(0.2\mu m)$，可在理论上实现对细菌的完全截留，但极少数细菌仍可通过自身形变从而穿透较大的超滤膜孔；②因中试系统不含消毒过程，以至于长时间运行后管道中出现了细菌滋生现象，对出水细菌总数产生了影响。各工艺运行期间，常规工艺砂滤出水细菌总数依次为 $61\pm11CFU/mL$、$56\pm15CFU/mL$、$52\pm18CFU/mL$ 和 $45\pm23CFU/mL$，显著高于超

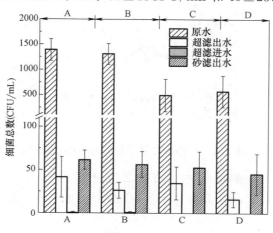

图 5-3 不同短流程工艺除细菌效能比较

滤出水情况，甚至高于砂滤池进水，这可能是因为砂滤池滤料表面生长着大量微生物群落，导致出水中出现了更多细菌。

由此可知，四种短流程工艺的除细菌效能均高于传统水处理工艺，再次证明超滤膜是去除水中细菌的有效屏障。虽然四种短流程工艺均实现了出水细菌的高效控制，理论上可以省略后续的消毒过程，但为了防止饮用水输配过程中可能存在的二次污染，仍需加入一定量的消毒剂，但低于传统工艺加氯量。这使得短流程工艺在节省制水成本的同时也可降低消毒副产物的生成量，这也是短流程工艺相较于传统净水工艺的优势所在。

5.2.3   不同短流程工艺对金属离子的去除效能

根据原水水质特性，本研究选取 Al、Fe 作为典型金属离子，考察了四种短流程工艺对于金属离子的去除效能。如图 5-4 所示，不同短流程工艺实验期间北江原水总 Al 浓度依次为 0.355 ± 0.081mg/L、0.223 ± 0.090mg/L、0.149 ± 0.022mg/L 和 0.295 ± 0.078mg/L。之后由于混凝剂的加入，水中引入了大量的 Al，但可通过混凝沉淀工艺得以有效去除，且混凝沉淀过程越完整，去除率越高，不同短流程工艺条件下超滤进水总 Al 分别为 0.255 ± 0.072mg/L、0.150 ± 0.023mg/L、0.230 ± 0.048mg/L 和 0.638 ± 0.086mg/L；其中 A 工艺实验期间因原水浊度较高而加大了混凝剂的投药量，同时该阶段原水总 Al 浓度本身就处于较高水平，导致 A 工艺超滤进水（沉淀池出水）总 Al 浓度较高，甚至高于 B 工艺（沉淀池中部出水）和 C 工艺（反应池出水）。尽管超滤单元的进水总 Al 负荷不同，四种短流程工艺的超滤出水总 Al 浓度几乎相同，分别为 0.034 ± 0.009mg/L、0.024 ± 0005mg/L、0.025 ± 0.002mg/L 和 0.027 ± 0.009mg/L。同期砂滤出水总 Al 浓度依次为 0.041 ± 0.011mg/L、0.028 ± 0007mg/L、0.027 ± 0.004mg/L 和 0.038 ± 0.014mg/L。

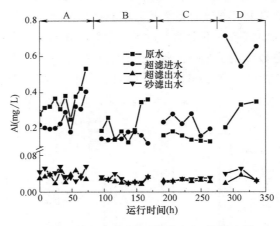

图 5-4   不同短流程工艺除总 Al 效能比较

如图 5-5 所示，实验期间原水总 Fe 浓度分别为 0.457 ± 0.078mg/L、0.316 ± 0.054mg/L、0.162 ± 0.047mg/L 和 0.345 ± 0.133mg/L。不同混凝沉淀预处理程度对于总 Fe 的去除率依次为 $83.6\% \pm 2.7\%$、$86.7\% \pm 4.0\%$、$60.7\% \pm 16.5\%$ 和 $11.9\% \pm 10.0\%$，可以看出传统工艺中沉淀过程的前半段已经较好地完成了对于总 Fe 的去除。而

超滤出水总 Fe 浓度分别为 0.009±0.005mg/L、0.005±0.001mg/L、0.005±0.001mg/L、0.009±0.007mg/L，这表明超滤单元对于总 Fe 的去除效能同样不受进水负荷的影响。同期砂滤出水总 Fe 浓度依次为 0.019±0.013mg/L、0.009±0005mg/L、0.007±0.001mg/L 和 0.025±0.017mg/L。

一般认为，水中 Al、Fe 按存在形式可分为悬浮态、胶体态和溶解态。超滤膜通过自身强大的物理截留能力，可实现对悬浮态和胶体态 Al、Fe 的完全截留；虽然超滤膜无法实现对于溶解态 Al、Fe 的去除，但是在混凝过程中绝大多数的 Al、Fe 等金属离子均已转化为悬浮态和胶体态，溶解性组分浓度很低，因此这四种短流程工艺中的超滤膜表现出优异的除 Al、Fe 效能。这种协同去除水中 Al、Fe 的机理决定了即便缩短制水流程，四种短流程工艺超滤出水的 Al、Fe 浓度依旧差别不大，且低于同期砂滤池出水中 Al、Fe 的浓度。

此外，实验期间传统工艺砂滤出水总 Al、总 Fe 浓度存在一定程度的波动，这是由于砂滤池的截污能力有限，致使 Al、Fe 穿透滤料，影响到出水水质；而四种短流程工艺出水 Al、Fe 十分稳定，不存在上述现象。这说明短流程工艺具有更强的水质保障作用。

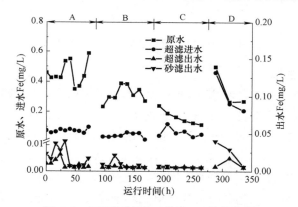

图 5-5　不同短流程工艺除 Fe 效能比较

5.2.4 不同短流程工艺对有机物的去除效能

1. 对溶解性有机物的去除

水中有机物依存在形式可分为颗粒性有机物和溶解性有机物两类，其中溶解性有机物因难去除、危害大而受到普遍关注。水中溶解性有机物通常采用 UV_{254} 来表示。如图 5-6 所示，实验期间原水 UV_{254} 有逐渐降低的趋势，但是变化幅度较小，依次为 0.040±0.003cm^{-1}、0.038±0.003cm^{-1}、0.034±0.005cm^{-1}、0.031±0.007cm^{-1}；四种短流程工艺对 UV_{254} 的总去除效率则较为接近，依次为 25.16%±3.58%、27.25%±5.15%、27.05%±6.89% 和 24.78%±1.64%。另外，从图中可以看到，短流程工艺对 UV_{254} 的去除主要是通过预处理单元完成的，超滤单元对于 UV_{254} 的去除能力十分有限。四种不同形式的预处理单元对于 UV_{254} 的去除贡献几乎相同，分别为 21.60%±3.15%、24.93%±5.39%、25.21%±8.38% 和 23.67%±0.33%。UV_{254} 主要表征水中带有苯环或共轭双键的溶解性腐殖质类有机物，此类有机物的另一特点是带有负电性官能团，因此尽管单独超滤对其去除效果较差，但却可通过混凝沉淀作用将其从溶解态转化为絮体态，进而使其得到较好地去除。

实验还表明，同期传统工艺砂滤池出水的 UV_{254} 值要高于超滤出水，甚至高于超滤进水（混凝沉淀出水），原因可能为砂滤池滤料表面生长着稳定的微生物群落，其在降解进水中所携带污染物的同时自身也产生一定的代谢产物，最终导致出水中腐殖质类有机物含量有所升高。

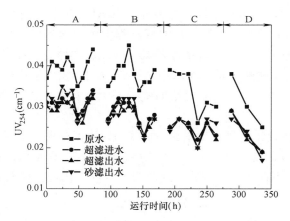

图 5-6　不同短流程工艺除 UV_{254} 效能比较

2. 对总有机物的去除

水中总有机物习惯性用 TOC 和 COD_{Mn} 表示。四种短流程工艺除 TOC 效能如图 5-7 所示。实验期间原水 TOC 波动不大，分别为 $1.75\pm0.20mg/L$、$1.77\pm0.16mg/L$、$1.91\pm0.19mg/L$ 和 $1.76\pm0.08mg/L$，超滤出水分别为 $1.27\pm0.16mg/L$、$1.29\pm0.14mg/L$、$1.42\pm0.18mg/L$ 和 $1.23\pm0.04mg/L$，A、B、C、D 工艺除 TOC 效能相差不大，去除率分别为 $27.38\%\pm5.78\%$、$26.70\%\pm4.97\%$、$25.97\%\pm5.10\%$ 和 $29.98\%\pm1.15\%$。其中，四种短流程工艺中的预处理单元对于除 TOC 效能的贡献依次降低，分别为 $21.22\%\pm7.69\%$、$20.30\%\pm4.62\%$、$19.07\%\pm5.22\%$ 和 $17.00\%\pm3.27\%$。后续超滤单元对于除 TOC 效能的贡献以 D 工艺最高，为 $12.99\%\pm4.29\%$，其他三种工艺比较接近，分别为 $6.19\%\pm3.62\%$（A 工艺）、$6.41\%\pm3.03\%$（B 工艺）、$6.89\%\pm2.83\%$（C 工艺）。

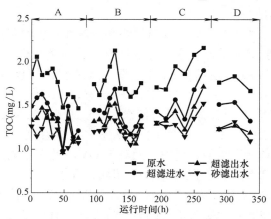

图 5-7　不同短流程工艺除 TOC 效能比较

COD_{Mn}不仅表示水中可以被高锰酸钾氧化的有机物浓度，还包括$NO_2^- \text{-} N$等无机还原性物质。由于实验期间A、B工艺超滤单元有明显的生物作用，出水$NO_2^- \text{-} N$发生了累积，而C、D工艺没有明显的生物作用（详见本书5.2.5节），这就使测定的A、B工艺超滤出水COD_{Mn}浓度偏高，致使计算出的A、B工艺COD_{Mn}去除效率较低。假如按照$1mg NO_2^- \text{-} N$消耗$1.14mg COD_{Mn}$来计算，扣除$NO_2^- \text{-} N$的影响，四种工艺对于COD_{Mn}（不含$NO_2^- \text{-} N$部分）的去除效能如图5-8所示。四种短流程工艺原水COD_{Mn}依次为$2.12\pm0.31mg/L$、$2.09\pm0.37mg/L$、$2.32\pm0.34mg/L$和$2.28\pm0.14mg/L$，超滤出水COD_{Mn}依次为$1.11\pm0.16mg/L$、$1.06\pm0.09mg/L$、$1.12\pm0.06mg/L$和$1.20\pm0.13mg/L$，四种短流程工艺对于COD_{Mn}的总去除率分别达到了$47.08\%\pm9.27\%$（A工艺）、$47.95\%\pm9.02\%$（B工艺）、$50.56\%\pm7.65\%$（C工艺）和$47.43\%\pm5.93\%$（D工艺），其中超滤单元的贡献分别为$20.19\%\pm8.28\%$（A工艺）、$20.40\%\pm5.45\%$（B工艺）、$26.03\%\pm3.88\%$（C工艺）、$31.92\%\pm4.15\%$（D工艺）。这样的结果表明，四种工艺均具有良好的除COD_{Mn}效能，且处于同一水平；另外，超滤单元对于除COD_{Mn}的贡献以D工艺最高。这与除TOC效能的实验结果相符。

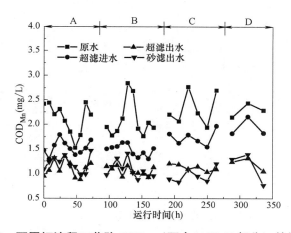

图5-8 不同短流程工艺除COD_{Mn}（不含$NO_2^- \text{-} N$部分）效能比较

通过以上研究结果可以看出，四种短流程工艺对于总有机物的去除效率几乎相同，缩短工艺流程几乎不影响出水水质。另外实验还表明，对于不同的短流程工艺而言，其出水中的TOC以及COD_{Mn}浓度均大于或等于同期的砂滤池出水。这可能是由于砂滤池经过长期的运行已经形成了稳定的生物膜体系，对水中小分子量的可降解有机物可通过生物降解作用进一步去除，而超滤膜的主要机理为膜孔的物理截留，对小分子有机物去除效果不佳。然而，无论是在何种段位进行超滤与混凝沉淀单元的耦合，短流程工艺出水的COD_{Mn}值都可稳定在$1.4mg/L$以下，无$NO_2^- \text{-} N$影响的COD_{Mn}值保持在$1.3mg/L$以下，TOC浓度低于$1.5mg/L$，已经可以很好地满足《生活饮用水水质标准》（GB 5749—2006）的要求。

5.2.5 对$NH_4^+ \text{-} N$、$NO_2^- \text{-} N$的去除

$NH_4^+ \text{-} N$、$NO_2^- \text{-} N$均属于饮用水水质标准控制指标，截至目前，虽未有$NH_4^+ \text{-} N$直

接危害人体健康的报道，但是在亚硝化菌的作用下，NH_4^+-N 可转化为 NO_2^--N，具有强烈的致癌性；而水中 NH_4^+-N 浓度过高时会降低消毒效果，给消毒过程造成困难。因此对于短流程工艺除 NH_4^+-N、NO_2^--N 效能的研究具有重要意义。另外，由于原水中 NO_3^--N 浓度较低，且饮用水水质标准对于 NO_3^--N 的限值较宽松，所以本节研究并未考察各短流程工艺中 NO_3^--N 的迁移转化。

不同短流程工艺除 NH_4^+-N 效能如图 5-9 所示。实验期间，原水 NH_4^+-N 分别为 0.301 ± 0.039mg/L、0.253 ± 0.049mg/L、0.271 ± 0.064mg/L 和 0.231 ± 0.028mg/L，预处理单元对于 NH_4^+-N 的去除率递减，分别为 $19.16\%\pm5.31\%$、$15.26\%\pm5.19\%$、$14.78\%\pm6.14$ 和 $9.21\%\pm7.12\%$。然而后续超滤单元对于 NH_4^+-N 去除率的贡献差别明显，其中 A、B 工艺中超滤单元对 NH_4^+-N 的去除效率呈几何形式增长，A 工艺超滤单元由初始的 7.28% 迅速增长至 46.62%；B 工艺由初始的 11.11% 上升为 44.95%。而 C、D 工艺中超滤单元对 NH_4^+-N 几乎没有去除作用。这就导致了四种短流程工艺对于 NH_4^+-N 迥然不同的总去除效率。

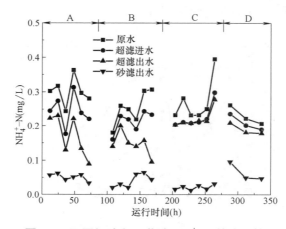

图 5-9　不同短流程工艺除 NH_4^+-N 效能比较

对于 NO_2^--N，如图 5-10 所示，原水中 NO_2^--N 的浓度分别为 0.131 ± 0.018mg/L、0.126 ± 0.056mg/L、0.070 ± 0.005mg/L 和 0.084 ± 0.008mg/L，预处理单元对于 NO_2^--N的去除率逐级递减，超滤进水 NO_2^--N 分别为 0.080 ± 0.018mg/L、0.095 ± 0.031mg/L、0.056 ± 0.004mg/L 和 0.070 ± 0.008mg/L。A、B 工艺超滤出水均出现 NO_2^--N 的富集现象，其中 A 工艺最终超滤出水 NO_2^--N 为 0.138 ± 0.040mg/L；B 工艺最终超滤出水 NO_2^--N 为 0.247mg/L，是进水的 1.8 倍。C、D 工艺超滤单元对于 NO_2^--N 既无去除作用，也无富集现象。这是由于在亚硝化细菌的作用下，NH_4^+-N 将首先转化成 NO_2^--N，因此 A、B 工艺虽然对 NH_4^+-N 的去除率较高，却造成了 NO_2^--N 的富集。而 C、D 工艺超滤单元对 NH_4^+-N 几乎无去除作用，因此对 NO_2^--N 也未产生影响。

超滤单元对于 NH_4^+-N、NO_2^--N 的去除主要依靠硝化细菌及亚硝化细菌的生物降解作用。C、D 工艺运行期间平均水温仅为 14.42℃ 和 13.52℃，不利于硝化功能菌的生长与繁殖；并且由于工艺运行时间较短，致使无法积累出足够的功能菌数量以满足除 NH_4^+-N、NO_2^--N 的要求，因此 C、D 工艺运行期间超滤单元对于 NH_4^+-N、NO_2^--N 无去除作用。

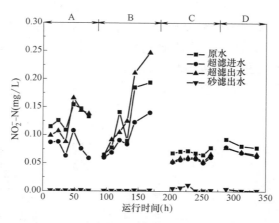

图 5-10 不同短流程工艺除 NO_2^--N 效能比较

而 A、B 工艺运行期间平均水温分别为 22.38℃、23.29℃，属于硝化细菌、亚硝化细菌较为适宜的生长温度，有利于代谢活动的进行。但是由于负责氧化 NO_2^--N 的硝化菌的世代周期较亚硝化细菌长，因此硝化菌群的成熟必然滞后于亚硝化菌，而各工艺运行时间较短，所以直至实验结束超滤单元仍未表现出对 NO_2^--N 的良好控制。另外，混凝沉淀单元的出水段位越靠前，水中余氯含量越高，这也在某种程度上制约了 C、D 工艺去除 NH_4^+-N、NO_2^--N。综上，影响短流程工艺对 NH_4^+-N、NO_2^--N 去除的因素较多，如何达到短流程工艺稳定高效去除 NH_4^+-N、NO_2^--N 的目的，仍需进一步探究。

与超滤短流程工艺不同，整个实验期间传统工艺对于低浓度 NH_4^+-N、NO_2^--N 的去除效能十分优秀，砂滤出水 NH_4^+-N 低于 0.1mg/L，NO_2^--N 几乎为 0。这可部分归功于该水厂通过减少预氯化过程中的加氯量，强化了砂滤池的生物降解作用。

5.2.6 不同短流程工艺超滤单元内污染物的累积特性

在浸没式超滤膜系统的一个排泥周期内，因超滤膜对进水中污染物质的截留，造成膜池内污染物的不断积累。一般认为，超滤膜池混合液中更高的污染物浓度会造成更为严重的膜污染现象。本部分系统考察了各短流程工艺超滤单元内浊度、总 Al、TOC、NH_4^+-N、细菌的累积特性。如无特殊说明，此部分数据均取自第 8 个过滤周期的水力清洗结束后；由于 1 个排泥周期内存在 16 个过滤周期，因此第 8 个过滤周期后，混合液中污染物浓度仍会进一步增长。

1. 浊度、总 Al 的累积特性

实验期间，各短流程工艺超滤膜池内浊度的累积特性如图 5-11 所示。四种工艺中超滤进水平均浊度逐级递增，超滤出水几乎相同，因此随着超滤与混凝沉淀单元耦合段位的前移，膜池混合液的浊度增长明显，依次为 8.84±1.97NTU、12.50±6.13NTU、17.87±3.46NTU 和 28.83±2.42NTU。

不同短流程工艺中超滤膜池内总 Al 的累积特性如图 5-12 所示。D 工艺超滤进水总 Al 浓度最高，A、B、C 工艺相差不大；而各工艺超滤出水总 Al 浓度几乎相同，保持在 0.03mg/L 左右。但是各工艺运行期间，超滤池混合液总 Al 浓度呈现递增趋势，依次为

1.85±0.65mg/L、2.07±0.30mg/L、2.49±0.80mg/L 和 2.79±0.90mg/L，与超滤进水总 Al 浓度不相关。这是因为经混凝预处理之后，水中总 Al 主要以絮体形式存在，超滤单元运行过程中，一部分总 Al 沉积在膜表面形成滤饼层，另一部则以絮体形式停留在混合液中，导致混合液中总 Al 浓度不断升高。

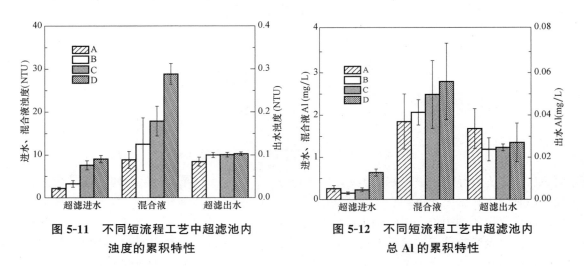

图 5-11　不同短流程工艺中超滤池内　　　　　图 5-12　不同短流程工艺中超滤池内
　　　　浊度的累积特性　　　　　　　　　　　　　　　总 Al 的累积特性

2. TOC 的累积特性

如图 5-13 所示，各工艺超滤单元进水 TOC 在 1.4～1.6mg/L 之间，差别不大；各工艺超滤出水的波动同样较小，在 1.2～1.5mg/L 之间；不同短流程工艺中超滤池混合液中 TOC 浓度分别为 1.59±0.046mg/L、1.61±0.053mg/L、1.75±0.057mg/L 和 1.66±0.064mg/L。可见，有机物在超滤膜池混合液中的累积程度要低于浊度和总 Al，这是因为只有当有机物分子尺度大于膜孔时，才能够被超滤膜所截留进而停留在混合液中。而大分子有机物在天然有机物中所占比例较小，因此其在超滤膜池中的累积程度较低。

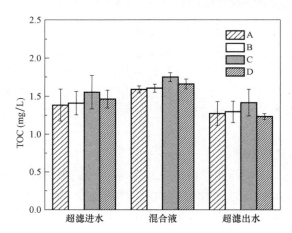

图 5-13　不同短流程工艺中超滤池内 TOC 的累积特性

3. 细菌的累积特性

图 5-14 为不同短流程工艺中超滤池内细菌总数的累积特性。可以看出超滤进水中细

菌总数在 20～50CFU/mL 之间，之后依靠超滤膜优异的截留作用，致使超滤出水中细菌总数几乎为 0，而超滤池混合液中细菌总数保持在 200CFU/mL 以上。再次证明超滤膜是去除水中微生物的有效屏障。

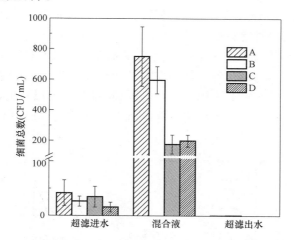

图 5-14 不同短流程工艺中超滤池内细菌总数的累积特性

4. NH_4^+-N 的转化特性

不同短流程工艺中超滤系统内 NH_4^+-N 的转化特性如图 5-15 所示。可以看出，A、B 工艺运行期间，超滤池混合液中 NH_4^+-N 浓度分别为 0.217 ± 0.051mg/L 和 0.191 ± 0.03mg/L，略低于超滤进水（0.238 ± 0.053mg/L、0.211 ± 0.039mg/L），显著高于超滤出水（0.172 ± 0.061mg/L 和 0.147 ± 0.033mg/L）。这说明超滤单元内的生物降解作用主要发生在超滤膜表面而非混合液中，因此有理由认为超滤膜表面滤饼层中生长着大量微生物群落。而 C、D 工艺超滤进水、混合液、出水 NH_4^+-N 几乎处于同一水平。C、D 工艺运行期间水温较低，导致进水和膜滤池混合液中细菌浓度也显著低于 A、B 工艺（图 5-14），而较低的水温加之较低的微生物浓度，使得 C、D 工艺运行期间对 NH_4^+-N 的去除能力较差。

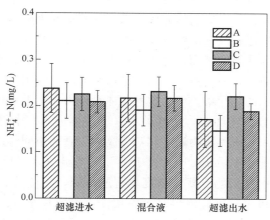

图 5-15 不同短流程工艺中超滤池内 NH_4^+-N 的累积特性

5.2.7　不同短流程工艺中超滤膜的污染特性

1. 总膜污染的增长情况

四种短流程工艺的运行参数均为：过滤周期 90min，反洗 60s，运行 16 个过滤周期后（约 24h）进行排泥。在这种运行模式下，如图 5-16 所示，各工艺中超滤膜在一个过滤周期内的 TMP_{20} 平均增长值以 D 工艺最高，为 5.55kPa；A、B、C 工艺依次降低，分别为 5.14kPa、3.76kPa 和 2.46kPa。这一数字反映了四种短流程工艺中超滤膜总膜污染的增长速率，其中既包括可逆污染部分也包括不可逆污染部分。可以看出，原水有无絮凝过程对后续超滤膜地总膜污染具有显著影响，同时沉淀时间越久反而对总膜污染的增长有害无益。

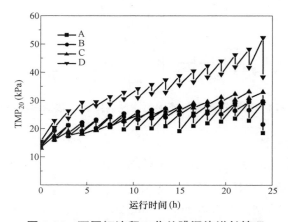

图 5-16　不同短流程工艺总膜污染增长情况

这种现象是由原水中絮体的性质、浓度以及进水污染物负荷等多方面因素协同造成的。一般认为进水污染物负荷升高会加剧超滤膜污染。而对于絮体性质而言，有研究称絮体尺寸对于低压膜的过滤性能有重要影响，并指出更小的絮体尺寸会造成更为严重的超滤膜污染。另有研究表明，絮体的亲疏水性同样影响膜的污染特性，但是由于实验期间所使用的混凝剂相同，所以混凝剂亲疏水性的影响可以不考虑。分形维数是除絮体尺寸、亲疏水性之外絮体的另一重要性质，更高的分形维数意味着更规则的絮体结构以及更高的絮体密实度，这对于固液分离过程具有重要意义，因为在传统的水处理工艺中，更高的絮体密实度就意味着更好的沉降性能。然而在超滤过程中，一般认为结构越不规则的絮体在超滤膜表面形成的滤饼层孔隙度越高，对于超滤膜透水性能的影响越小。相关研究表明形态规则的絮体可造成更为严重的膜污染，因为这种絮体在外力作用下易板结，显著降低超滤膜的透水性能。因此对于 D 工艺而言，超滤进水（反应池进水）中悬浮物浓度最高，且以微絮体为主，与此同时，水中有机物浓度相对较高，三者的协同作用造成该工艺的总膜污染最为严重，TMP_{20} 上升速率最快。而相比于 D 工艺超滤进水（反应池进水），C 工艺超滤进水（反应池出水）中有机物、絮体浓度均有所下降，致使其总膜污染速率也大幅下降；同时 C 工艺的超滤进水（反应池出水）中絮体也已成长至较大尺寸，这可能是导致 C、D 工艺中膜污染速率差别明显的另一主要原因。之后，由于水中絮体尺寸、分形维数较大的絮体更易于从水中分离，所以随着沉淀过程的延长，残留在水中的絮体组分以尺寸、分形维数较小的絮体为主，这就造成了 C、B、A 工艺中超滤单元在一个过滤周期内的 TMP_{20} 平均增长值逐渐增高。

水力清洗是缓解膜污染的有效措施，实验期间相同水力清洗模式对各短流程工艺超滤膜 TMP_{20} 的平均降低值分别为 4.48kPa（A 工艺）、2.92kPa（B 工艺）、1.31kPa（C 工艺）和 3.46kPa（D 工艺），这反映了超滤单元运行过程中可逆膜污染的增长速率。可以看出，可逆污染占据了总膜污染的主要部分；另外 A、D 工艺不可逆污染增长速率快于 B、C 工艺，这可能是由于 A、D 工艺超滤进水中较小的絮体尺寸及分形维数造成的。

此外，根据增长值及清洗降低值可计算出各超滤单元一个过滤周期中 TMP_{20} 的累积值分别为 0.67kPa（A 工艺）、0.84kPa（B 工艺）、1.16kPa（C 工艺）和 2.10kPa（D 工艺），呈递增趋势。而这一数字在一定程度上反映了各工艺不可逆膜污染的增长速率。

2. 不可逆污染的增长情况

相比于总膜污染，超滤膜的不可逆污染应当给予更多关注，因为其直接影响到整个制水工艺的运行成本与管理难度。理论上，可逆污染可通过水力清洗的方式完全去除，水力清洗后的 TMP_{20} 值即表示不可逆膜阻力。但是实际运行过程中，为了追求超滤单元的高效运行，往往会选择最经济的水力清洗模式，而导致不能彻底去除膜污染中的可逆部分。本研究中所选取的水力清洗模式同样未能保证彻底去除超滤膜的可逆污染，但为了方便起见，采用每次水力清洗后的 TMP_{20} 增长情况来表征超滤单元不可逆污染的增长速率。

不同短流程工艺中超滤膜的不可逆污染增长情况如图 5-17 所示。可以看出，A、B、C、D 工艺的不可逆污染增长速率逐级递增，其中 D 工艺增长最快，仅运行 2 个周期（即 48h），即由初始的 15.31kPa 线性增长至 58.98Pa，日增长速率为 21.84kPa/d。A、B、C 工艺的不可逆膜污染相对而言增长缓慢，运行期间的日增长速率分别为 9.80kPa/d、11.20kPa/d 和 12.84kPa/d。随着超滤与混凝沉淀耦合段位的前移，超滤进水中的污染物逐渐增多，造成不可逆膜污染也逐渐增长。

对于 D 工艺而言，21.84kPa/d 的不可逆污染日增长速率已与实际生产脱节。而基于上一小节的分析可知，C 工艺运行期间产生的不可逆膜污染主要为无机污染和有机污染，而 A、B 工艺中还存在生物污染。因此有理由认为，在适于微生物生长的水温条件下，C 工艺会形成更为严重的超滤膜污染。所以从超滤膜长效运行的角度考虑，A、B 工艺为较

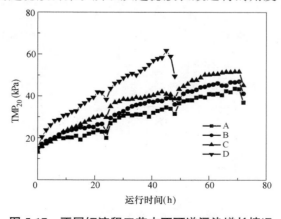

图 5-17 不同短流程工艺中不可逆污染增长情况

为合理的短流程适配工艺。

另外，实际生产过程中还可以通过优化超滤单元的运行参数，例如膜通量、过滤周期、排泥周期、水力清洗方案等进一步降低超滤膜的不可逆污染增长速率。

5.2.8　膜污染物种及化学清洗控制

相关研究已表明，造成超滤膜不可逆污染的主要物质有无机离子、细菌、有机物，而对应的膜污染依次为无机污染、生物污染和有机污染。研究各工艺中超滤单元的膜污染物种对于实际生产过程具有指导作用。不同物种造成的膜污染需采取不同的清洗方法。一般认为酸洗主要针对无机污染，碱洗或氧化剂清洗可缓解有机污染，另外氧化剂清洗对于生物污染也具有良好的效果。本部分研究分别针对 A、B、C、D 四种短流程工艺中的受污染超滤膜开展化学清洗实验，预期通过考察碱洗、酸洗、氯洗（氧化剂清洗）三种清洗方法对污染膜的清洗效率，探究各工艺中造成膜污染的主要物种形式，并得出针对不同短流程工艺中受污染膜的有效化学清洗方法。本实验中所选用的三种清洗方法的具体操作如表 5-3 所示。另外需要说明的是，本部分实验中的受污染膜在进行化学清洗前，均采用了高强度的水力清洗，即化学清洗主要针对的是不可逆膜污染；且由于采用的是大型中试装置，所以三种化学清洗方法的研究序列进行。

三种化学清洗方法　　　　　　　　　　　　表 5-3

清洗方法	清洗剂	清洗时间
碱洗	pH≈11 的 NaOH 溶液	4h
酸洗	pH≈2 的 HCl 溶液	4h
氯洗	500mg/L 的 NaClO 溶液	8h

碱洗是受污染膜化学清洗中常见的一种清洗方式，但研究表明超滤膜性质及污染物种类的不同会造成 NaOH 溶液清洗效率上的差异。如图 5-18 所示，对于 A 工艺中的受污染膜，当采用碱洗后 TMP_{20} 由 49kPa 增长至 51kPa，清洗效率为－2.17%。相关研究指出，当采用 NaOH 溶液清洗受污染膜后，虽然可从超滤膜上洗脱出大量有机污染物，却可造成超滤膜接触角的增大，即使得膜表面憎水性有所提高，最终导致超滤膜过滤阻力增大，清洗效率呈现为负值。酸洗和氯洗对于受污染膜均表现出一定的清洗效果，清洗效率分别为 17.02% 和 66.67%。这说明，沉淀池出水造成的膜污染中膜污染物种以有机物及细菌

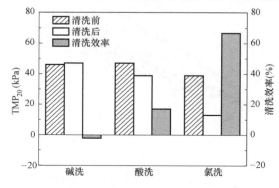

图 5-18　三种清洗方法对 A 工艺中受污染膜的清洗效率

为主，溶解性金属离子及其他无机成分对膜污染的贡献较小。最终，经三种方法清洗后超滤膜 TMP_{20} 值降至 13kPa，已恢复至初始水平。

三种清洗方法对 B 工艺中受污染膜的清洗效率如图 5-19 所示。碱洗对于受污染膜的清洗效率同样为负值（-4.08%）。另外，相较于 A 工艺，酸洗的清洗效率有所升高，为 29.41%；氯洗的清洗效率有所下降，为 61.11%。这说明随着超滤与混凝沉淀单元耦合段位的前移，水中无机颗粒及金属离子造成了更为严重的超滤膜污染。另外，依次经历碱洗、酸洗、氯洗后，超滤膜的透水性能可恢复至初始水平。

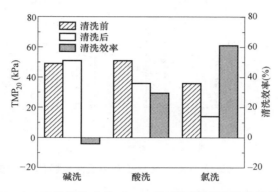

图 5-19　三种清洗方法对 B 工艺中受污染膜的清洗效率

三种清洗方法对 C 工艺中受污染膜的清洗效率如图 5-20 所示。初始 TMP_{20} 为 34kPa，经历碱洗、酸洗和氯洗后，TMP_{20} 依次降低至 33kPa、20kPa 和 13kPa，最终 TMP_{20} 已恢复至初始水平。其中碱洗、酸洗和氯洗的清洗效率分别为 2.94%、39.39% 和 30.0%。可以看出，随着超滤与混凝沉淀耦合段位的前移，无机污染在 C 工艺超滤膜的不可逆污染中所占比例越来越高。从运行维护的角度考虑，膜污染物种越复杂，所需采用的化学清洗方法也必然越烦琐，这无疑给实际应用带来了诸多不便。A、B 工艺以有机、生物污染为主，无机污染相对较低，因此实际应用中可重点采用单一氯洗或氯/碱复合清洗。而 C 工艺则必须常常采取组合清洗的方式才能取得良好的不可逆污染去除效果。

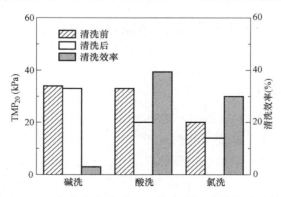

图 5-20　三种清洗方法对 C 工艺中受污染膜的清洗效率

三种清洗方法对于 D 工艺中受污染膜的清洗效率如图 5-21 所示。与之前的部分实验结果相同，碱洗造成了 TMP_{20} 的增长，由 43kPa 增长至 45kPa，清洗效率为 -4.65%；

之后酸洗将 TMP$_{20}$降低至 36kPa，清洗效率为 20.0%；后续氯洗将 TMP$_{20}$进一步降低至 16kPa，略高于初始水平，清洗效率为 55.56%。这说明，反应池进水造成的膜污染类型也是以有机污染为主，无机污染为辅；另外，如需将超滤膜的透水性能恢复至初始水平，必须采取更为复杂的清洗方法，比如组合清洗，或进一步加大清洗剂的浓度。无论如何，这都为该工艺的实际运行带来了困难。

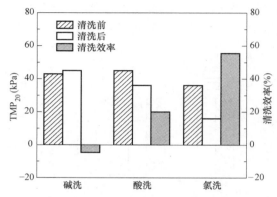

图 5-21　不同清洗方法对 D 工艺中受污染膜的清洗效率

本节基于高污染期（枯水期）的特定原水水质，开展了超滤单元与混凝沉淀单元的短流程适配研究，发现四种短流程工艺对水中浊度、细菌、总 Al、总 Fe 的去除效果优异且不受超滤与混凝沉淀单元耦合段位的影响，四种短流程工艺对有机污染物的净化能力也基本相当。在最不利条件下，D 工艺的不可逆污染的增长速率最快，为 21.84kPa/d；C 工艺的不可逆污染增长速率为 12.84kPa/d；A 工艺的不可逆污染增长速率最慢，为 9.80kPa/d；若将耦合段位设置在沉淀池中部，不可逆污染的增长速率略有升高，达到 11.20kPa/d，但仍属于可接受范围。因此，综合考虑除污染效能、膜污染状况和水处理工艺流程长度，根据本部分研究结论，可初步确定将耦合段位置于沉淀池中部的"混凝/半沉/超滤工艺"为适合于该原水质特点的最佳短流程工艺。

5.3　"混凝/半沉/超滤工艺"在低污染期的验证性研究

5.3.1　实验期间原水水质

实验期间原水水质如表 5-4 所示。其中 A 工艺（即混凝/沉淀/超滤工艺）运行 14d；为了进一步研究短流程工艺长期运行时对于 NH$_4^+$-N 的去除作用，B 工艺（即"混凝/半沉/超滤工艺"）在正式启动前采用较低的膜通量［10L/(m³·h)］下连续运行 4d，这一过程中 TMP$_{20}$的增长几乎为 0，之后正式针对 B 工艺开展实验研究，运行时间同样为 14d。本节实验期间，两种短流程工艺的原水水温保持在 20℃以上，符合低污染期的水温特点，但未达到最高水平（30℃左右）。对于水中细菌而言，低污染期实验期间原水细菌总数远高于高污染期。同时，相比于高污染期，低污染期原水中有机物指标，如 TOC、COD$_{Mn}$、UV$_{254}$都有不同程度地降低；浊度、总 Al、总 Fe 均等于或略高于高污染期水平。另外，低污染期原水中 NH_4^+-N 浓度有所降低，而 NO_2^--N 有所增高。

在本节实验研究过程中，尽管 A 工艺运行期间原水水质与 B 工艺存在一定程度的波动，但总体而言水质情况较为一致。

实验期间原水水质　　　　　　　　　表 5-4

水质参数	高污染期		低污染期	
	A 工艺	B 工艺	A 工艺	B 工艺
水温(℃)	22.38±0.35	23.29±0.35	20.5±1.3	23.77±0.46
细菌总数(CFU/mL)	1392±215	1311±204	2533±723	4066±611
浊度(NTU)	25.66±5.66	12.10±5.41	22.31±11.11	17.31±2.28
Al(mg/L)	0.355±0.081	0.223±0.090	0.440±0.179	0.332±0.111
Fe(mg/L)	0.457±0.078	0.316±0.054	0.490±0.248	0.294±0.101
TOC(mg/L)	1.75±0.20	1.77±0.16	0.912±0.051	0.871±0.086
COD_{Mn}(mg/L)	2.25±0.28	2.23±0.37	1.94±0.17	1.81±0.12
UV_{254}(cm^{-1})	0.040±0.003	0.038±0.003	0.036±0.003	0.029±0.003
NH_4^+-N(mg/L)	0.301±0.039	0.253±0.049	0.208±0.065	0.214±0.035
NO_2^--N(mg/L)	0.080±0.018	0.095±0.031	0.111±0.029	0.102±0.009

5.3.2 "混凝/半沉/超滤工艺"对浊度和细菌的去除效能

1. 对浊度的去除效能

图 5-22 为低污染期两种超滤组合工艺对水中浊度的去除情况比较。由图可见，A 工艺运行期间原水浊度在 11.4～46.20NTU 之间，波动相对较大，平均为 22.31±11.11NTU；超滤进水（沉淀池出水）浊度为 1.78±0.37NTU；超滤出水浊度为 0.098±0.006NTU。B 工艺运行期间，原水浊度为 17.31±2.28NTU；超滤进水（沉淀池中部出水）浊度虽然高于 B 工艺但较为有限，为 2.91±0.43NTU；而超滤出水同样优异且稳定，为 0.099±0.006NTU。同期砂滤出水浊度分别为 0.167±0.024NTU、0.170±0.029NTU，明显高于超滤出水的情况。这是由于超滤与砂滤过滤机制的差异造成的，超滤膜主要依靠其纳米级的孔径实现对颗粒性物质的机械筛分，因此出水不受进水水质的影

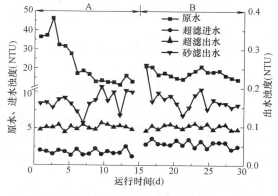

图 5-22　两种超滤组合工艺除浊度效能比较

响，优异且稳定；而砂滤池则是依靠滤料颗粒对于悬浮颗粒的黏附，这一过程的影响因素众多，且必然存在截污能力随过滤时间延长而下降的问题，最终导致砂滤出水浊度高于超滤出水，且波动明显。

可以看出，无论是在高污染期还是低污染期，A、B 工艺的除浊能力均十分优秀，且缩短沉淀过程不会影响超滤组合工艺的出水水质；另外，超滤组合工艺的除浊效能显著优于传统净水工艺。

2. 对细菌的去除效能

如图 5-23，实验期间 A、B 工艺的原水细菌总数分别为 2533±723CFU/mL 和 4066±611CFU/mL，微生物污染严重。经过预处理后，两种工艺超滤进水中细菌总数分别降至45±30CFU/mL 和 42±19CFU/mL。可以看出，虽然低污染期原水细菌含量高于高污染期，但不同混凝沉淀段位出水（超滤进水）处于相同水平。然而与高污染期不同的是，低污染期 A、B 工艺超滤出水中仍含有一定数量的细菌，细菌总数分别为 13±4CFU/mL 和17±3CFU/mL。相关研究已表明，超滤膜对于细菌具有优良的截留性能。这样的实验结果可能是因为中试系统不含消毒过程，而低污染期水温上升，以至于微生物在超滤单元的出水管道系统中生长繁殖，最终影响出水水质。因此，为防止实际生产过程中发生类似情况，建议对管道及超滤膜系统进行定期维护，如采用加氯水进行反冲洗，以避免致病微生物的大量繁殖。

尽管低污染期超滤出水细菌总数高于高污染期，然而超滤出水仍优于同期常规工艺砂滤出水情况（分别为 57±17CFU/mL 和 47±14CFU/mL）。

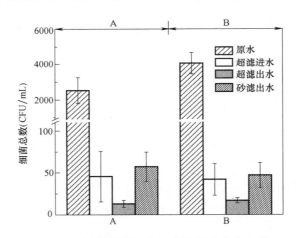

图 5-23　两种超滤组合工艺除细菌效能比较

5.3.3　"混凝/半沉/超滤工艺"对金属离子的去除效能

低污染期两种超滤组合工艺除总 Al 效能如图 5-24 所示。两种工艺运行期间，原水总 Al 浓度分别为 0.440±0.179mg/L 和 0.332±0.111mg/L，略高于高污染期实验中的总 Al 浓度。尽管如此，由于低污染期两种工艺预处理单元对水中总 Al 的去除率分别为 54.0%±19.28% 和 54.06%±10.75%，显著高于高污染期（28% 及 21%），致使低污染期超滤进水的总 Al 浓度低于高污染期，分别为 0.182±0.070mg/L 和 0.143±0.021mg/L。

后续超滤出水总 Al 浓度分别为 $0.040\pm0.010mg/L$ 和 $0.041\pm0.009mg/L$,和同期砂滤出水情况几乎相同($0.041\pm0.014mg/L$、$0.036\pm0.007mg/L$)。这说明低污染期两种超滤组合工艺同样具有优良的除 Al 效能,且出水水质几乎相同。

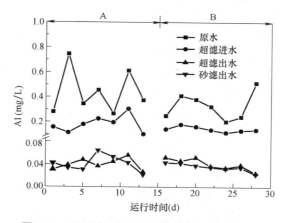

图 5-24 两种超滤组合工艺除总 Al 效能比较

两种工艺运行期间原水总 Fe 浓度为 $0.490\pm0.248mg/L$ 和 $0.294\pm0.101mg/L$,同高污染期相差不大,如图 5-25 所示。预处理单元对于总 Fe 的去除率分别为 79.44 ± 7.43 和 $79.32\pm5.96\%$,超滤进水浓度为 $0.088\pm0.024mg/L$ 和 $0.057\pm0.013mg/L$。A、B 工艺超滤出水中总 Fe 分别为 $0.006\pm0.002mg/L$、$0.006\pm0.003\ mg/L$,这与高污染期两种工艺出水 Fe 浓度几乎相同。两种超滤组合工艺运行期间,砂滤出水总 Fe 为 $0.008\pm0.004mg/L$ 和 $0.005\pm0.001mg/L$,同超滤组合工艺出水处于同一水平。这表明,即便缩短净水工艺,以超滤为核心的短流程工艺同样可以完成水中总 Fe 的高效去除。

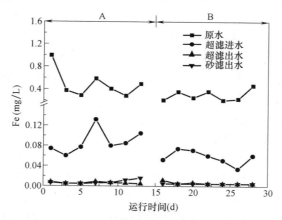

图 5-25 两种超滤组合工艺除总 Fe 效能比较

5.3.4 "混凝/半沉/超滤工艺"对有机物的去除效能

1. 对溶解性有机物的去除效能

水中溶解性有机物通常采用 UV_{254} 来表示。如图 5-26 所示,A 工艺运行期间,原水 UV_{254} 平均为 $0.036\pm0.004m^{-1}$,高于 B 工艺运行时的 $0.029\pm0.003cm^{-1}$。两种短流程

工艺超滤进水 UV_{254} 分别为 $0.028\pm0.003cm^{-1}$ 和 $0.022\pm0.002cm^{-1}$，超滤单元前的预处理过程对于水中 UV_{254} 的去除率分别为 $21.00\%\pm5.35\%$、$23.50\%\pm5.61\%$。基于本书5.2.4 节的分析可知，混凝沉淀对于 UV_{254} 的去除作用主要体现在混合阶段，之后伴随着混凝沉淀过程的延续，絮体尺寸虽然在不断增加，但对进一步去除水中 UV_{254} 的贡献较小，本部分的实验结果再一次证明了这一点。后续超滤出水 UV_{254} 分别为 $0.028\pm0.003cm^{-1}$ 和 $0.021\pm0.002cm^{-1}$，A、B 两种超滤组合工艺对于水中 UV_{254} 的总去除率分别为 $22.70\%\pm5.49\%$ 和 $25.70\%\pm3.95\%$。另外，与高污染期相同，低污染期砂滤池同样出现了出水中 UV_{254} 增加的现象。这与砂滤池滤料表面生物膜的代谢活动有关，其在降解水中污染物的同时引入了自身的代谢产物，导致出水中腐殖质类有机物含量有所升高。

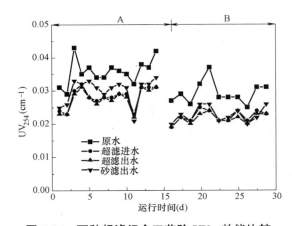

图 5-26　两种超滤组合工艺除 UV_{254} 效能比较

从以上实验结果可以看出，同高污染期类似，"混凝/半沉/超滤工艺"对于 UV_{254} 的去除率同样维持在 25% 左右，且主要是通过预处理单元完成的，单一超滤单元对于 UV_{254} 的去除能力十分有限。两个关键因素制约着超滤膜对于 UV_{254} 的去除，即超滤膜自身的膜孔径大小，以及进水中溶解性有机物的分子质量分布。一方面可能是由于北江原水中溶解性有机物的组成以中小分子量为主，另一方面由于研究中所选取的超滤膜孔径为 $0.02\mu m$，导致超滤单元对 UV_{254} 并未表现出明显的去除。实验还表明，虽然单一超滤单元对于 UV_{254} 的去除能力有限，但是"混凝/半沉/超滤工艺"不管在低污染期还是高污染期，出水 UV_{254} 含量均低于同期砂滤出水。

2. 对总有机物的去除效能

在原水 TOC 为 $0.912\pm0.052mg/L$ 和 $0.871\pm0.086mg/L$ 的情况下，A、B 工艺对于 TOC 的去除效能如图 5-27 所示。两种工艺超滤出水依次为 $0.684\pm0.052mg/L$ 和 $0.633\pm0.034mg/L$，对于 TOC 的总去除率处于同一水平，分别为 $24.88\%\pm5.95\%$ 和 $26.87\%\pm6.62\%$。其中两种工艺的预处理部分对于 TOC 的去除率分别为 $14.81\%\pm5.18\%$ 和 $13.98\pm3.35\%$；超滤进水浓度分别为 $0.776\pm0.051mg/L$ 和 $0.750\pm0.087mg/L$ 的情况下，超滤单元对于 TOC 的去除率依次为 $10.06\%\pm2.74\%$ 和 $12.89\%\pm8.50\%$。实验结果表明，低污染期两种超滤组合工艺对 TOC 的总体去除率同高污染期差别不大，但是单一超滤单元对于 TOC 的去除率有所增高。这可能是因为低污染期水中小分子量有机物减少，大分子量有机物增多，而超滤膜对于小分子有机物的去除率较低，大分子有机物的去除率较高。同期,砂滤池出水 TOC 分别为 0.637 ± 0.044mg/L 和 0.578 ± 0.029mg/L。

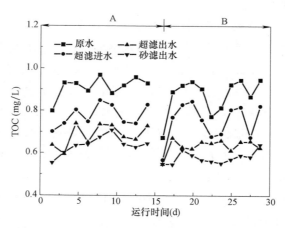

图 5-27 两种超滤组合工艺除 TOC 效能比较

由于实验期间 A、B 工艺超滤单元内同样出现了明显的生物作用,致使出水中 $NO_2^- $-N 产生了累积。而 COD_{Mn} 表示水中可以被高锰酸钾氧化的物质浓度,其中还包括 $NO_2^- $-N 等无机还原物,这就使得测定的 A、B 工艺超滤出水 COD_{Mn} 浓度偏高。因此,此部分采用与本书 5.2.4 节中相同的方法,对超滤出水中的 COD_{Mn} 值进行了修正。如图 5-28 所示,A、B 工艺运行期间原水 COD_{Mn} 分别为 1.82 ± 0.18mg/L 和 1.69 ± 0.12mg/L,超滤出水 COD_{Mn} 为 1.00 ± 0.07mg/L 和 0.92 ± 0.10mg/L,总去除率分别为 $44.88\% \pm 6.99\%$ 和 $45.61\% \pm 6.44\%$,这与高污染期的实验结果处于同一水平($47.08\% \pm 9.27\%$、$47.95\% \pm 9.02\%$)。另外,A、B 工艺运行同期,砂滤池出水 COD_{Mn} 分别为 1.02 ± 0.12mg/L 和 0.92 ± 0.16mg/L。

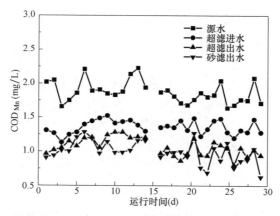

图 5-28 两种超滤组合工艺除 COD_{Mn}(不含 $NO_2^- $-N 部分)效能比较

通过以上实验可知,无论是高污染期还是低污染期,A、B 工艺都具有良好的除总有机物效能。另外,虽然实验期间超滤出水中 TOC、COD_{Mn} 均略高于或等于传统工艺砂滤出水,但是显著低于饮用水水质标准的要求(COD_{Mn} 3mg/L),已属于优质水范畴。

141

5.3.5 "混凝/半沉/超滤工艺"对 NH_4^+-N、NO_2^--N 的去除效能

1. 对 NH_4^+-N 的去除特性

如图 5-29 所示，A 工艺运行初期，原水 NH_4^+-N 浓度较低，仅为 0.1mg/L，第 3 天升高至 0.216mg/L，之后较为平稳，14d 内原水 NH_4^+-N 平均浓度为 0.208±0.065mg/L。混凝沉淀过程对于 NH_4^+-N 有一定的去除效果，平均去除率为 20.50%±7.28%，超滤进水 NH_4^+-N 浓度平均为 0.165±0.050mg/L。超滤单元自启动之日起的前 4 天对 NH_4^+-N 的去除效率仅为 3.09%±0.83%，第 5 天增长至 10.26%，第 6 天增长至 20.74%，第 7 天增长至 26.01%。第 8 天超滤单元对于 NH_4^+-N 的去除效率已达到 37.65%。之后超滤单元对于 NH_4^+-N 的去除效率趋于平稳，平均去除率为 37.42%±4.25%，认为超滤单元内负责 NH_4^+-N 氧化的功能菌落已经趋于成熟。A 工艺除 NH_4^+-N 效能稳定后，对于 NH_4^+-N 的总去除率为 54.20%±5.05%，出水 NH_4^+-N 浓度为 0.108±0.018mg/L。同期砂滤出水 NH_4^+-N 为 0.034±0.007mg/L。

B 工艺运行期间，原水 NH_4^+-N 平均为 0.214±0.035mg/L，超滤进水为 0.163±0.022mg/L，与 A 工艺具有相同的进水 NH_4^+-N 负荷。前文中已提到，由于 B 工艺启动之前已经在低通量下运行了 4d 时间，所以启动第 1 天超滤单元就具有良好的除 NH_4^+-N 作用，去除率为 24.31%，第 2 天增至 35.37%，第 3 天为 51.55%，第 4 天可以达到 62.89%。之后超滤单元对于 NH_4^+-N 的去除效率趋于平稳，平均为 62.33%±6.55%；而 B 工艺对于 NH_4^+-N 的总去除率为 87.09%±3.50%，超滤出水 NH_4^+-N 浓度为 0.027±0.006mg/L，优于同期砂滤出水情况（0.034±0.013mg/L）。

此外，从图中超滤进水、超滤池混合液及超滤出水之间的关系可以看出，超滤单元内的生物降解作用主要发生在超滤膜表面，这与上一节的实验结论相符。

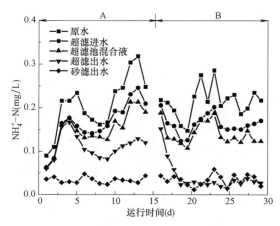

图 5-29 两种超滤组合工艺除 NH_4^+-N 效能比较

2. 对 NO_2^--N 的去除特性

超滤组合工艺良好的除 NH_4^+-N 效能会导致出水中 NO_2^--N 的富集，然而 NO_2^--N 是"三致"物质，会对人体产生危害，因此探究 NO_2^--N 在组合工艺中的转化规律对饮用水

安全保障具有重要意义。如图 5-30 所示，A 工艺运行期间，原水 NO_2^--N 平均浓度为 $0.111\pm0.029mg/L$，超滤进水 NO_2^--N 浓度为 $0.074\pm0.023mg/L$。随着超滤单元对于 NH_4^+-N 去除率的不断增加，A 工艺超滤出水中 NO_2^--N 浓度也持续升高，甚至高于原水浓度。直至 14d 的实验结束，超滤出水 NO_2^--N 仍无下降趋势。这说明直至实验结束，超滤单元内硝化细菌仍未成熟。同期砂滤池出水 NO_2^--N 保持在 0.002mg/L 以下。

如图 5-30 所示，B 工艺运行期间原水及超滤进水 NO_2^--N 浓度同 A 工艺处于相同水平，分别为 $0.102\pm0.008mg/L$ 和 $0.073\pm0.009mg/L$。启动之日起的第 1 天，超滤出水中就出现了 NO_2^--N 的富集现象，之后出水 NO_2^--N 浓度随着除 NH_4^+-N 去除率的增加而增加，在第 6 天达到峰值，为 0.156mg/L。之后自第 7 天起，超滤出水中 NO_2^--N 浓度逐渐下降，至第 14 天，超滤出水 NO_2^--N 浓度已降低至 0.016mg/L。超滤单元对于 NO_2^--N 的去除率为 55.64%，B 工艺的总去除率达到 87.10%，此时可认为超滤单元内的硝化细菌已经成熟。另外，针对超滤池混合液中 NO_2^--N 的浓度检测再次证明了超滤单元内的生物降解作用主要发生在超滤膜表面。

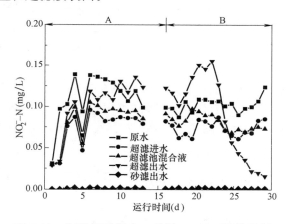

图 5-30　两种超滤组合工艺除 NO_2^--N 效能比较

鉴于 B 工艺对 NH_4^+-N、NO_2^--N 的去除性能优异，而 NH_4^+-N、NO_2^--N 经硝化作用最终转化为 NO_3^--N。所以在超滤单元内的硝化细菌成熟后，检测了 B 工艺出水中的 NO_3^--N 浓度，为 $2.43\pm0.23mg/L$，远低于《生活饮用水水质标准》（GB 5749—2006）的要求（10mg/L）。

5.3.6 "混凝/半沉/超滤工艺"超滤单元内污染物的累积特性

1. 浊度的累积特性

实验期间，两种超滤组合工艺超滤池内浊度的累积特性如图 5-31 所示。A 工艺超滤进水浊度（沉淀池出水）低于 B 工艺（沉淀池中部出水），而超滤出水几乎相同。在此情况下，膜池混合液的浊度增长明显且均处于较高水平，分别为 $41.72\pm6.61NTU$ 和 $53.46\pm21.40NTU$。实验表明，低污染期超滤池混合液浊度远高于高污染期，这可能是由于低污染期原水浊度升高所导致的，在实际工程中需予以注意。

2. TOC 的累积特性

如图 5-32 所示，实验期间两种工艺膜池内混合液的 TOC 浓度分别为 $0.931\pm$

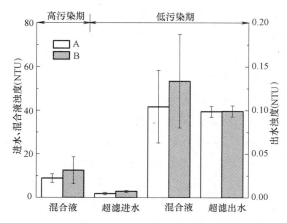

图 5-31　两种超滤组合工艺中超滤池内浊度的累积特性

0.149mg/L 和 0.882±0.211mg/L，超滤膜对于 TOC 的截留率分别为 25.41%±9.73% 和 28.23%±10.87%。截留率上的差异与超滤膜的强化截留机理有关，超滤过程中污染物会在膜表面形成滤饼层，作为"二级膜"或"动态膜"，可以提高超滤膜对于污染物的截留效率。而将不同混凝沉淀段位出水作为超滤单元的进水时，水中絮体含量与形态的不同造成了膜表面滤饼层结构上的差异。相较于"混凝/沉淀/超滤工艺"（A 工艺），"混凝/半沉/超滤工艺"（B 工艺）中超滤膜表面滤饼层的结构更为厚实、致密，这样的滤饼层结构导致了 B 工艺中超滤膜对于 TOC 更高的截留效率。另外，从图中可以看出，低污染期超滤膜池内 TOC 浓度远低于高污染期，这是因为低污染期原水中有机物浓度大幅下降造成的。

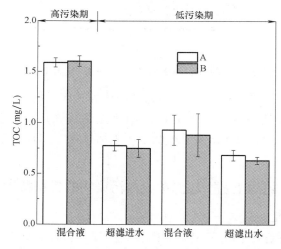

图 5-32　两种超滤组合工艺中超滤池内 TOC 的累积特性

3. 细菌的累积特性

两种超滤组合工艺中超滤池内细菌的累积特性如图 5-33 所示，在超滤进水及出水细菌总数差别不大的情况下，混合液中细菌总数分别为 563±149CFU/mL 和 711±131CFU/mL。B 工艺混合液细菌总数高于 A 工艺，这是由于 B 工艺运行期间水温较高，致使此阶段混合液中细菌具有更快的繁殖速度。

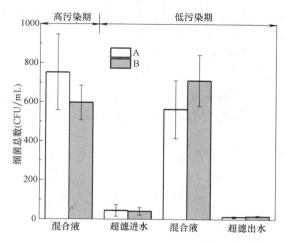

图 5-33　两种超滤组合工艺中超滤池内细菌的累积特性

5.3.7 "混凝/半沉/超滤工艺"中超滤膜的污染特性

1. 总污染增长情况

总膜污染包括可逆污染与不可逆污染，一般而言可逆污染的增长速率要高于不可逆污染。虽然可逆污染可通过水力清洗有效去除，但当可逆污染增长过快时将导致超滤膜的TMP 值始终保持在一个较高水平，这无形中会增加制水环节的运行能耗。因此超滤单元总污染及可逆污染的增长特性同样是考察超滤工艺适用性的重要依据。

实验过程中，A 工艺的总膜污染增长速率高于 B 工艺，这是由 A 工艺可逆污染增长过快造成的，这一结果同高污染期相同，相关原因已在本书 5.2.7 节中进行了论述。虽然整体上 A 工艺总膜污染增长速率高于 B 工艺，但是随着运行时间的延长，两种超滤组合工艺均在不同阶段显示出了不同的增长特性。运行初期的总膜污染增长情况如图 5-34 所示。在启动之初的第 1 天，A 工艺 TMP_{20} 由 14.96kPa 增长至 19.29kPa，而 B 工艺 TMP_{20} 自 13.19kPa 增至 15.41kPa。超滤单元在一个过滤周期内的 TMP_{20} 平均增长值分

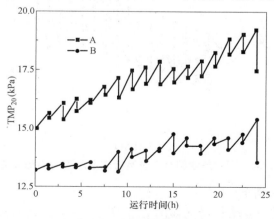

图 5-34　两种超滤组合工艺运行初期总膜污染增长情况

别为 0.92kPa 和 0.51kPa；水力清洗造成的 TMP_{20} 降低值平均分别为 0.69kPa 和 0.39kPa。从中可以看出，运行初期无论是可逆污染还是不可逆污染，A 工艺的增长速率均高于 B 工艺，导致 A 工艺的 TMP_{20} 始终较高。

而运行中期的实验结果与初期有所不同。如图 5-35 所示，自启动之日起的第 7 天，A 工艺 TMP_{20} 由 23.38kPa 增长至 29.51kPa，而 B 工艺 TMP_{20} 自 21.87kPa 增至 27.88kPa，水力清洗造成的 TMP_{20} 平均降低值分别为 1.70kPa 和 1.30kPa。此阶段，虽然 A 工艺的可逆污染增长速率较 B 工艺快，但是不可逆污染的增长速率十分缓慢，致使两工艺 TMP_{20} 逐渐升至相同水平。

两种工艺运行末期总膜污染增长情况如图 5-36 所示。由于上一阶段 A 工艺不可逆污染增长速率低于 B 工艺，导致运行末期 B 工艺的 TMP_{20} 值已全面赶超 A 工艺。自启动之日起的第 13 天，A 工艺 TMP_{20} 由 33.61kPa 增长至 52.37kPa，而 B 工艺 TMP_{20} 自 43.41kPa 增至 55.72kPa。

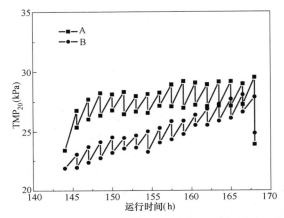

图 5-35　两种超滤组合工艺运行中期总膜污染增长情况

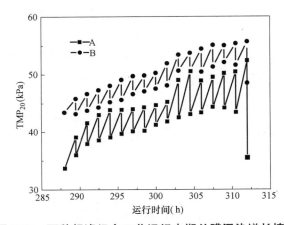

图 5-36　两种超滤组合工艺运行末期总膜污染增长情况

2. 不可逆污染增长情况

两种工艺的不可逆污染增长情况如图 5-37 所示。14d 的运行过程中，两工艺不可逆污染的平均日增长速率分别为 2.19kPa（A 工艺）和 2.95kPa/d（B 工艺），与高污染期的实验结果相类似，同样是 A 工艺低于 B 工艺。两种工艺超滤进水有机物浓度基本持平，因此认为水中悬浮絮体含量与性质的不同是造成 B 工艺不可逆污染较高的主要原因。

而与高污染期不同的是，高污染期两种工艺的不可逆膜污染成线性增长，而低污染期的增长特性较为复杂。A 工艺运行的前 2 天，不可逆污染增长速率较快，平均增长速率为 3.175kPa/d；之后，自启动之日起的第 3~9 天，不可逆污染的增长速率较为缓慢，增长速率为 1.56kPa/d；第 10~13 天，不可逆污染成线性增长，增长速率为 4.47kPa/d。而 B 工艺运行期间，不可逆污染呈幂指数形式增长，运行初期增长速率较 A 工艺慢，中期和末期快于 A 工艺。

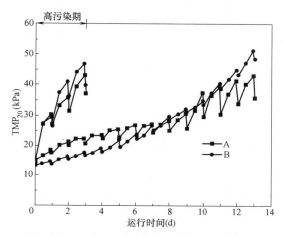

图 5-37 两种超滤组合工艺不可逆膜污染增长情况

5.3.8 受污染超滤膜的化学清洗

复杂的化学清洗方法必然会给实际生产带来极大的困难，因此本部分尝试找出一种操作简单且可将超滤膜透水性能恢复至初始水平的化学清洗方法。基于本书 5.2.8 节中的分析可知，碱洗不能取得理想的清洗效率，同时有机物和微生物是超滤膜的重要膜污染物质，因此本部分首先考察了单一氯洗对于受污染膜的清洗效率，如未能使透水性能恢复至初始值，则再采取酸洗。具体清洗方法与本书 5.2.8 节相同。

如图 5-38 所示，对于 A 工艺中的受污染膜，氯洗后 TMP_{20} 从 46kPa 降至 13kPa，已恢复至初始水平。这表明对于 A 工艺中的受污染膜，单一氯洗即可达到清洗目的。对于 B 工艺中的受污染膜，氯洗后 TMP_{20} 从 42.0kPa 降低至 17.0kPa，清洗效率可达 59.52%，之后采取酸洗的方式可将 TMP_{20} 降至初始水平（14kPa）。从中可以看出，氯洗对于 B 工艺中的受污染膜同样具有优异的清洗效能，但是清洗后的 TMP_{20} 略高于初始水平，因此实际工程中针对 B 工艺受污染膜的化学清洗可首先采用单一氯洗，在氯洗不能达到理想效果时再辅以酸洗，已达到高效控制超滤膜污染的目的。

基于低污染期的特定原水水质，通过对优选出的两种超滤组合工艺进行中试研究，同样发现"混凝/沉淀/超滤工艺"（A 工艺）和"混凝/半沉/超滤工艺"（B 工艺）这两种组合工艺对于水质的净化能力几乎相同。同时，A 工艺的总膜污染增长速率高于 B 工艺；而不可逆污染增长速率低于 B 工艺，依次为 2.19kPa 和 2.95kPa/d，这与高污染期的实验

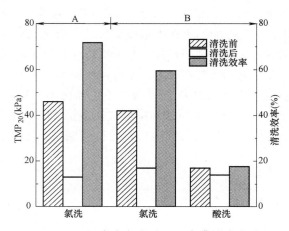

图 5-38　不同清洗方法对受污染膜的清洗效率

结果相类似。

5.4　"混凝/半沉/超滤工艺"基建与运行成本分析

依据"混凝/半沉/超滤工艺"为最佳超滤短流程工艺这一推断,本部分首先考察了在保证产水量的前提下,以该短流程工艺作为水处理工艺的新建水厂对于占地面积的节省情况;其次分析了在同等占地面积下,对于老旧水厂产水量的提升情况。最后对该短流程工艺与传统工艺的运行成本进行对比分析,期望为以后该短流程工艺在北江流域的应用提供可靠依据。

5.4.1　新建水厂的节地分析

拟通过构建一座 25 万 m³/d 的净水厂,考察混凝/半沉/超滤工艺在同等产水量的条件下,对于水厂净水构筑物占地的节约情况。

1. 传统工艺的土地使用面积

净水工艺选用最常规的混凝/沉淀/砂滤工艺,具体构筑物形式分别为:竖流折板絮凝池、平流沉淀池、均质滤料 V 形滤池。其中折板絮凝池与平流沉淀池合建,分为 4 组。单座絮凝池平面尺寸为 16.60m×18.80m,单座沉淀池平面尺寸为 93.08m×18.8m。4 组絮凝沉淀池总平面积为 112.68m×86.46m。V 形滤池分为 2 组,总过滤面积为 2560m²。

可计算出,一座 25 万 m³/d 的常规工艺净水厂的构筑物总平面积约为 12077m²。

2. 超滤短流程工艺的土地使用面积

具体短流程工艺为混凝/半沉/超滤工艺,絮凝池与沉淀池同样选择合建式竖流折板絮凝/平流沉淀池,由于沉淀时间在设计上仅为常规工艺的一半,因此絮凝沉淀池总平面积较常规工艺而言大幅度减小,为 66.14m×86.46m=5719m²。以本章中试装置的相关参数作为计算超滤膜装填密度及膜通量的依据,得出超滤单元的表面负荷约为 15m³/(m²·h)。以此作为超滤单元的设计参数,计算出产水规模为 25 万 m³/d 的超滤池总过滤面积约为 694m²,远小于常规工艺中砂滤池的总过滤面积。

综上，可计算出超滤短流程工艺的构筑物总平面积约为 6413m²，仅为常规工艺净水厂的一半左右。

5.4.2 老旧水厂的增产分析

对于老旧水厂的改造项目，可考虑将混凝沉淀池及砂滤池完全改建为超滤短流程工艺；或仅将混凝沉淀池改建为短流程工艺，再将滤池改建为应急水处理构筑物。如下仍采用 15m³/(m²·h) 作为超滤池的表面负荷，以上一节中所述的 25 万 m³/d 常规水厂作为改造对象，估算水处理构筑物在同等占地面积下，超滤短流程工艺对于老旧水厂产水量的进一步提升作用。由于超滤池的表面负荷远高于砂滤池，因此为了实现混凝沉淀池与超滤池水量上的对接，必然需要对原有混凝沉淀池体进行扩建改造。

若采取仅将混凝沉淀池改建为短流程工艺，由上一节的计算结果可知，总改造面积为 112.68m×86.46m=9472m²，因此可计算在同等占地面积下，混凝/半沉/超滤工艺的产水量为 37 万 m³/d，是原有产水规模的 1.48 倍。

将混凝沉淀池及砂滤池完全改建为超滤短流程工艺，则可供改造部分平面尺寸为 9472m²+2560m²=12302m²。经计算，改建后产水量可增至 47 万 m³/d。

通过以上分析可以看出，超滤池凭借自身远高于传统滤池的表面负荷，使其在保证产水量的前提下，可以显著减少占土地使用面积；或在同等占地面积下，大大提高产水量。另外由于本文中所选取的膜通量较高，致使超滤膜污染速率较快。因此有理由认为，可以通过适当减低膜通量的方式来缓解超滤膜污染，从而进一步节省该技术的运行成本。

5.4.3 运行成本的比较分析

基于以上论述可知，"混凝/半沉/超滤工艺"的前半段与常规工艺重合。因此，对于两种工艺运行成本的比较分析主要基于短流程工艺的超滤单元和常规工艺的砂滤单元，可比较项目有电力费用、药剂费用以及超滤膜或滤料的更新费用。

1. 电力费用

1）超滤单元

混凝/半沉/超滤工艺中超滤单元单位产水量所消耗的电力费由式（5-1）～式（5-7）求得：

（1）产水量：

$$V = V_1 - V_2 \tag{5-1}$$

式中　V——产水量（m³）；

V_1——制水总量（m³）；

V_2——反洗水量（m³）。

（2）抽吸泵耗电量：

$$E_{抽吸} = P_{抽吸} \times t_{抽吸} \tag{5-2}$$

式中　$E_{抽吸}$——抽吸泵耗电量（kWh）；

$P_{抽吸}$——抽吸泵功率（kW）；

$t_{抽吸}$——过滤时间（h）。

（3）反洗泵耗电量：

$$E_{反洗} = P_{反洗} \times t_{反洗} \tag{5-3}$$

式中 $E_{反洗}$——反洗泵耗电量（kWh）；

$\quad P_{反洗}$——反洗泵功率（kW）；

$\quad t_{反洗}$——反洗时间（h）。

（4）鼓风机耗电量：

$$E_{风机} = P_{风机} \times t_{反洗} \tag{5-4}$$

式中 $E_{风机}$——鼓风机耗电量（kWh）；

$\quad P_{风机}$——鼓风机功率（kW）。

（5）总耗电量：

$$E_1 = E_{抽吸} + E_{反洗} + E_{风机} \tag{5-5}$$

式中 E_1——总耗电量（kWh）。

（6）单位产水耗电量：

$$E_2 = E_1 \div V \tag{5-6}$$

式中 E_2——单位产水耗电量（kWh/m³）；

（7）单位产水电力费用：

$$P = E_2 \times n \tag{5-7}$$

式中 P——单位产水电力费用（元/m³）；

$\quad n$——电价（元/kWh）。

经计算，超滤单元单位产水电力费用约为 0.12 元/m³。

2）砂滤单元

常规工艺中砂滤单元单位产水量所消耗的电力费由式（5-8）～式（5-13）求得：

（1）产水量：

$$V' = V_1' - V_2' \tag{5-8}$$

式中 V'——产水量（m³）；

$\quad V_1'$——制水总量（m³）；

$\quad V_2'$——反洗水量（m³）。

（2）反洗泵耗电量：

$$E'_{反洗} = P'_{反洗} \times t'_{水洗} \tag{5-9}$$

式中 $E'_{反洗}$——反洗泵耗电量（kWh）；

$\quad P'_{反洗}$——反洗泵功率（kW）；

$\quad t'_{水洗}$——水洗时间（h）。

（3）鼓风机耗电量：

$$E'_{风机} = P'_{风机} \times t'_{气洗} \tag{5-10}$$

式中 $E'_{风机}$——鼓风机耗电量（kWh）；

$\quad P'_{风机}$——鼓风机功率（kW）；

$\quad t'_{气洗}$——水洗时间（h）。

（4）总耗电量：

$$E'_1 = E'_{反洗} + E'_{风机} \tag{5-11}$$

式中 E'_1——总耗电量（kWh）。

（5）单位产水耗电量：

$$E_2' + E_1' \div V'\tag{5-12}$$

式中　E_2'——单位产水耗电量（kWh/m³）；

（6）单位产水电力费用：

$$P' = E_2' \times n\tag{5-13}$$

式中　P'——单位产水电力费用（元/m³）；

　　　n——电价（元/kWh）。

计算求得，砂滤单元单位产水电力费用约为 0.002 元/m³。

2. 药剂费用

常规工艺砂滤单元的运行费用中不含药剂项，而超滤单元所需药剂费用主要涉及超滤膜的化学清洗剂。其中，基于本书 5.2.8、5.3.8 节中的分析可知，碱洗对于膜污染的清洗效率为负，而氯洗后再进行酸洗可将受污染膜的透水性能恢复至初始水平。因此本部分选用氯洗加酸洗的清洗方案，来对药剂费用进行估算。所涉及的清洗剂为 pH≈2 的 HCl 溶液和 500mg/L 的 NaClO 溶液。高污染期清洗时间按 3d 1 次计算，低污染期按 14d 1 次计算。最终计算出高污染期化学清洗剂费用约为 0.015 元/m³，低污染期为 0.004 元/m³。

3. 超滤膜或滤料的更新费用

目前，PVC 中空纤维超滤膜的市场售价约为 140 元/m²，按膜通量为 50L/(m² · h)，使用寿命为 3 年计算，计算得超滤膜的更新费用约为 0.11 元/m³。而随着超滤技术的不断进步，超滤膜价格必然会逐年下降，所以此部分费用仍有进一步下降的空间。砂滤池滤料更新周期一般为 3 年，但是由于均质滤料价格较低，经计算滤料的更新费用不足 0.001 元/m³。

综上所述，低污染期超滤短流程工艺的运行费用较常规工艺增加了 0.231 元/m³，而高污染期的运行费用在此基础上进一步增加了 0.011 元/m³。

对于日处理水量为 25 万 m³ 的新水厂建设项目，常规工艺处理构筑物占地面积约为 12077m²；混凝/半沉/超滤短流程工艺的构筑物总平面积约为 6413m²，仅为常规工艺净水厂的一半左右；对于日处理水量为 25 万 m³ 的老水厂改造项目，净水构筑物在同等占地面积下，若仅将混凝沉淀池改建为短流程工艺，工艺产水量可达 37 万 m³/d，是原有产水规模的 1.48 倍；若将混凝沉淀池及砂滤池完全改建为超滤短流程工艺，产水量将增至 47 万 m³/d。据估算，低污染期超滤短流程工艺的运行费用较常规工艺增加 0.231 元/m³。而高污染期的运行费用在此基础上进一步增加 0.011 元/m³。

综上，若在沉淀池中部进行超滤与混凝沉淀单元的短流程适配，可在保证出厂水水质的情况下，显著减小水厂的占地面积，或者在同样占地面积下显著提高水厂的产水量，同时不会导致超滤膜污染的显著增加。这无论是对于场地受限的老旧水厂提标改造还是对于新建水厂，都有着十分重要的意义。因此认为，混凝/半沉/超滤工艺为超滤与混凝沉淀单元的最佳适配方案。

第6章 超滤膜生物反应器净化受污染原水的研究

近几十年来，随着工农业的快速发展，我国饮用水水源普遍受到污染，污染物以有机物和 NH_4^+-N 为主。在这个背景下，生物活性炭滤池（BAC）得到了快速发展。BAC 通过附着在颗粒活性炭上生物膜的降解作用，可以有效去除水中的易生物降解有机物和 NH_4^+-N，为保障饮用水水质安全发挥了重要作用。但是，近年来研究发现 BAC 出水中经常有细微碳粒的存在，在细微碳粒的保护下，微生物在氯消毒过程中难以被灭活，对出水的生物安全性构成了潜在风险。另外，BAC 通常放在砂滤池之后，增加了水处理工艺流程的长度，造成基建投资和运行费用的增加。

为充分利用微生物对水中有机物和 NH_4^+-N 的降解作用，同时保障出水的水质安全性，浸没式超滤膜生物反应器（SMBR）技术得以开发和应用。SMBR 将生物降解作用与膜滤作用置于同一个反应器内完成，具有占地面积小、出水水质优良的优点。研究表明，SMBR 作为一项新型的处理受污染原水的技术，不仅能有效去除颗粒物、微生物，还能通过生物降解有效去除 NH_4^+-N，并在一定程度上去除有机污染物。随着膜性能的不断提高和膜价格的不断下降，SMBR 在不久的将来可能在饮用水处理领域，特别是小型分散式饮用水处理设施中得到一定程度的应用。

本研究在实验室常温条件下，系统考察了 SMBR 用于受污染原水处理的启动特性、长期稳定除污染效能和应对 NH_4^+-N 冲击负荷的能力。

6.1 SMBR 处理受污染原水的运行特性

6.1.1 工艺特征

1. 实验装置

实验装置如图 6-1 所示。膜组件为束状中空纤维膜，由海南立升净水科技实业有限公司（Litree）提供，聚氯乙烯（PVC）材质，膜孔径 $0.01\mu m$，膜面积 $0.4m^2$。膜组件直接浸入在反应器中，反应器有效容积为 2L。原水通过恒位水箱进入到反应器中，出水通过抽吸泵直接从膜组件抽出。在膜组件和抽吸泵之间设置真空表，监测跨膜压力（TMP）。空气泵连续向反应器内曝气以提供溶解氧（DO）、进行搅拌混合并清洗膜丝表面。

2. 运行条件

SMBR 的运行方式通过时间继电器控制为抽吸 8min、停抽 2min。本实验中膜通量控制在 $10L/(m^2 \cdot h)$，处理水量 4L/h，相应的水力停留时间（HRT）为 0.5h。反应器底部通过曝气头向反应器内的曝气速率为 80L/h，相当于气水比 20:1。

本实验中，除了混合液取样和膜清洗损失部分污泥外，不另外进行污泥排放，相当于污泥停留时间（SRT）为 80d（以反应器内的混合液体积除以平均每天排放的混合液体积，即是污泥停留时间）。实验开始前向反应器内一次性投加 3g 粉末活性炭（PAC）以作为微生物载体，相应于反应器内 PAC 浓度为 1.5g/L。

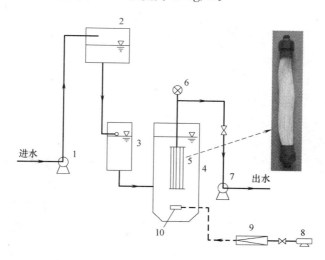

图 6-1　实验装置示意图

1—提升泵；2—高位水箱；3—恒位水箱；4—SMBR；5—膜组件；
6—真空表；7—抽吸泵；8—空气泵；9—气体流量计；10—空气扩散器

3. 受污染水源水

实验中将自来水中按 20:1～30:1 的比例配入生活污水，作为实验用原水。启动期间的前 5d 采用较高的比例 20:1，以饱和反应器内 PAC，并加速活性污泥微生物的生长；之后始终采用较低的比例 30:1，同时加入 1mg/L 的 HA，以模拟微污染原水。通过氯化铵（NH_4Cl）的投加控制该模拟水源 NH_4^+-N 浓度维持在 3～4mg/L。该模拟微污染原水先在室温下稳定 2d 后再供给 SMBR 使用。各实验阶段的原水水质如表 6-1 所示。

实验期间各阶段原水水质　　　　　　　　　　　　　　　　　　　表 6-1

原水水质指标	启动阶段	稳定运行阶段	NH_4^+-N 冲击负荷阶段
水温（℃）	17.9±1.9	25.2±2.5	25.3±0.8
pH	7.12±0.14	7.17±0.16	7.25±0.12
浊度（NTU）	3.06±1.18	1.88±0.62	—
NH_4^+-N(mg/L)	2.99±0.74	3.49±0.49	6.24～9.74
NO_2^--N(mg/L)	0.090±0.082	0.096±0.117	0.052±0.021
TOC(mg/L)	6.872±0.796	5.952±0.711	5.812±0.562
COD_{Mn}(mg/L)	6.20±0.90	4.79±0.56	4.25±0.50
DOC(mg/L)	6.329±0.608	5.398±0.517	5.039±0.562
UV_{254}（cm^{-1}）	0.106±0.008	0.086±0.008	0.076±0.002

6.1.2　SMBR 处理受污染原水的启动特性

1. SMBR 启动过程对 NH_4^+-N、NO_2^--N 的去除特性

4月11日起 SMBR 开始启动通水。5d 后，自4月16日起反应器进水开始采用模拟微污染原水并持续至实验结束。如图 6-2（a）所示，SMBR 自启动之日起的前20天对进水 NH_4^+-N 都几乎没有去除作用（3.16±2.37%），第23天去除率增至17%，第26天增长至67%。经过一个月的运行，在启动之后的第29天，NH_4^+-N 去除率增至87%，出水 NH_4^+-N 浓度低至 0.4mg/L（进水 3～4mg/L）。至此，认为 SMBR 系统反应器内负责 NH_4^+-N 氧化的亚硝化菌落已经成熟。

由图 6-2（b）可以看出，在启动后的前17d SMBR 对 NO_2^--N 既没有去除作用也没有产生明显的积累。而随着 SMBR 对 NH_4^+-N 去除率的逐渐升高，在第20～23天，出水 NO_2^--N 浓度高于进水4倍，第26～31天，出水 NO_2^--N 浓度更是高达 1.1mg/L（进水 0.097～0.125mg/L）。之后，运行到第33天时出水 NO_2^--N 才降至 0.3mg/L，第35天降至 0.07mg/L。至此，认为反应器内负责 NO_2^--N 氧化的硝化菌落已经成熟。

在 SMBR 启动之后的较长一段时间内（20d），系统对 NH_4^+-N 都几乎没有去除作用。而当渡过了初始的困难时期，反应器内从无到有地积累了一定量的亚硝化细菌之后，亚硝化菌落的成熟过程则很快，仅用 9d 即可达到对进水 NH_4^+-N 的高效稳定去除。在这一个月当中水温也从 17℃ 上升至 20℃，这对亚硝化菌落的成熟也起到一定的作用。而反应器内负责 NO_2^--N 氧化的硝化菌落的成熟则滞后于亚硝化菌落，自 SMBR 出水中出现 NO_2^--N 积累至系统达到对 NO_2^--N 的稳定去除用了 15d 的时间。这符合 NH_4^+-N 的生物降解规律，首先由亚硝化细菌将其转化为 NO_2^--N，再由硝化细菌将 NO_2^--N 转化为 NO_3^--N。

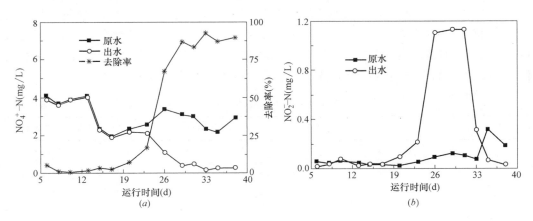

图 6-2　SMBR 启动过程对 NH_4^+-N、NO_2^--N 的去除特性

2. SMBR 启动过程对 TOC、COD_{Mn} 的去除特性

SMBR 在其启动过程对总有机污染物指标 TOC、COD_{Mn} 的去除特性如图 6-3 所示。与 NH_4^+-N、NO_2^--N 不同，SMBR 并没有表现出明显的负责有机污染物降解的异养菌的成熟标志。这可能是因为反应器内含有作为微生物生长载体的 PAC，启动初期粉末活性炭尚未饱和，对进水有机物具有一定的吸附作用；而相对于自养菌，异养菌群生长繁殖速度较快，随着粉末活性炭吸附容量的逐渐饱和，反应器内异养菌群也逐渐成熟。这样，SMBR 在启动过程中对有机污染物的去除经历了三个阶段：①以粉末活性炭吸附为主；②粉末活性炭吸附与生物降解相结合；③以生物降解为主。最后，粉末活性炭吸附达到饱和，反应器内活性污泥也达到成熟，膜滤池演化为以粉末活性炭为生物载体的膜生物反应器。已有研究证明炭载活性污泥相对于传统活性污泥表现出许多优点，因活性炭表面生长的微生物与活性炭吸附的慢速生物降解有机物之间的接触时间显著增长，系统对其的生物降解作用也显著提高。整个启动期间，SMBR 对 TOC 和 COD_{Mn} 保持着比较稳定的去除率，分别为 26.4%±6.5% 和 30.7%±6.8%。

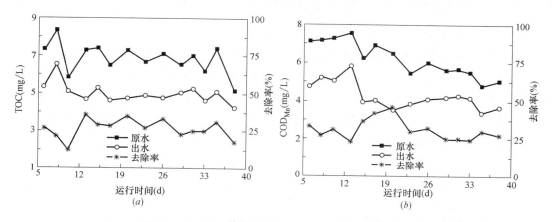

图 6-3　SMBR 启动过程对 TOC、COD_{Mn} 的去除特性

3. SMBR 启动过程对 DOC、UV_{254} 的去除特性

水中有机污染物大体可分为颗粒性有机物和溶解性有机物两类。对于颗粒性有机污染物，超滤膜可以较容易地将其分离去除。溶解性有机物通常以 DOC、UV_{254} 表示，因其去除困难，危害较大而受到人们广泛的关注。实验期间 SMBR 对 DOC 和 UV_{254} 的去除情况如图 6-4 所示。

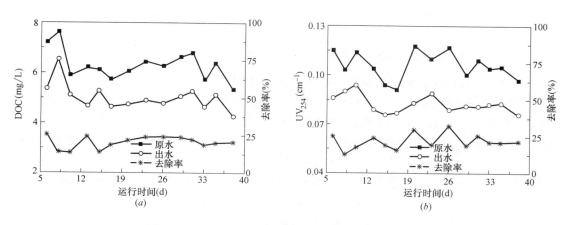

图 6-4　SMBR 启动过程对 DOC、UV_{254} 的去除特性

可以看出，SMBR 在其启动过程对 DOC、UV_{254} 的去除规律与 TOC、COD_{Mn} 基本相同：因启动初期 PAC 的吸附作用以及负责有机物氧化分解的异养菌落成熟较快，系统并

未表现出明显的异养菌落成熟的标志。自启动之日起至实验结束，SMBR 对 DOC 和 UV_{254} 都保持着比较稳定的去除率，分别为 $20.4\% \pm 4.2\%$ 和 $21.7\% \pm 5.4\%$。

对于易生物降解的小分子量有机物，反应器内活性污泥可在本实验采用的较短的水力停留时间（0.5h）内将其降解；对于慢速生物降解的中等分子量有机物，因其吸附于活性炭中与炭表面微生物接触时间大大延长，也可以得到一定程度的降解；除此以外，超滤膜本身以及反应器内混合液过滤过程中在膜表面形成的污泥层对于溶解性大分子量有机物也有一定的去除作用。三种作用相结合，共同完成对水中溶解性有机污染物的去除。

6.1.3　长期运行时 SMBR 处理受污染原水的除污染效能

1. SMBR 长期运行时对 NH_4^+-N、NO_2^--N 的去除效能

SMBR 通过生物降解作用表现出优良的 NH_4^+-N 去除效能。如图 6-5（a）所示，尽管原水 NH_4^+-N 浓度在 $2.17 \sim 4.24$mg/L 范围内波动（平均 3.49 ± 0.49mg/L），SMBR 出水中 NH_4^+-N 浓度仅为 0.38 ± 0.14mg/L，平均去除率达到 $89.4 \pm 3.4\%$。尽管 SMBR 出水中偶尔检测到 NO_2^--N 积累现象，100d 运行期间内出水中 NO_2^--N 浓度也低至 0.042 ± 0.066mg/L，显著低于原水中的平均值 0.096 ± 0.117mg/L，如图 6-5（b）所示。

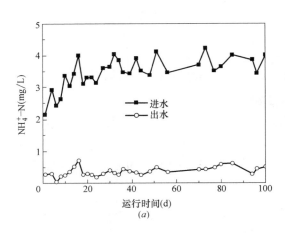
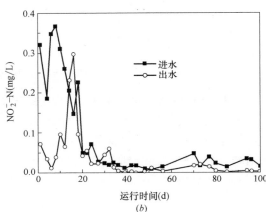

图 6-5　SMBR 长期运行时对 NH_4^+-N、NO_2^--N 的去除效能

2. SMBR 长期运行时对溶解性有机物的去除效能

水中总有机物大体可分为颗粒性有机物和溶解性有机物。即使是采用常规处理工艺（混凝、沉淀、过滤），也可较容易地将颗粒性有机物分离去除；溶解性有机物因为其难于去除、危害较大而成为饮用水处理中人们关注的焦点。水中的溶解性有机物通常以 DOC 和 UV_{254} 表示。本实验中，原水中 DOC 和 UV_{254} 的平均浓度分别为 5.398 ± 0.517mg/L 和 0.086 ± 0.008cm^{-1}。如图 6-6（a）所示，经过 SMBR 处理之后，出水中的 DOC 降低到 4.225 ± 0.460mg/L，平均去除率为 $21.5 \pm 7.0\%$。仅有 $15.1 \pm 4.1\%$ 的进水 UV_{254} 被 SMBR 去除，出水中浓度仍达到 0.072 ± 0.005cm^{-1}，如图 6-6（b）所示。此外，从图6-6 可见在 100d 的运行时间内 SMBR 对溶解性有机物的去除效率非常稳定。因此，当考虑到长达 80d 的污泥停留时间，有理由推断 SMBR 对溶解性有机物的去除主要是通过生物降解作用完成的。

本实验中，采用了较长的污泥停留时间（SRT）80d。由于原水中浊度和可生物降解有机物含量均较低，采用较长的 SRT 不会造成 SMBR 内过多的悬浮固体积累，还能促进某些慢速生长微生物在反应器内的繁殖，从而促进对溶解性有机物的降解。此外，一小部分难降解有机污染物也可能通过混合液取样和膜清洗而排出反应器。

由本实验的结果可见，SMBR 对有机污染物的去除效率较低，可能有两方面的原因：①受污染饮用水源中的可生物降解有机物含量较低，而 SMBR 主要通过生物降解作用去除有机物，因此除有机污染效率较低；②饮用水处理中 SMBR 的水力停留时间（HRT）较短，可能也是 SMBR 的去除有机污染效率较低的原因。

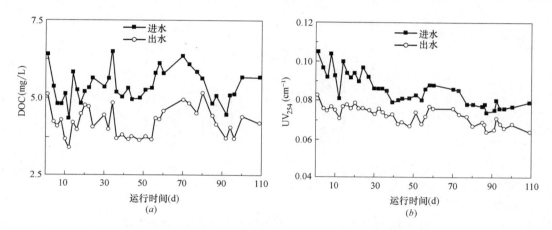

图 6-6 SMBR 长期运行时对 DOC、UV$_{254}$的去除效能

3. SMBR 长期运行时对总有机污染物的去除效能

TOC 和 COD$_{Mn}$作为水中总有机污染物的含量的综合指标，广泛应用于饮用水处理中。经过 SMBR 处理之后，TOC 由进水中的 5.952 ± 0.711mg/L 降低到出水中的 4.225 ± 0.460mg/L，平均去除率为 $28.6\% \pm 7.3\%$，如图 6-7（a）所示；进水中的 COD$_{Mn}$从 4.79 ± 0.56mg/L 被 SMBR 处理到 3.18 ± 0.42mg/L，平均去除率达到 $33.5\% \pm 6.3\%$，如图 6-7（b）所示。显然，SMBR 对总有机污染物的去除效率明显高于对溶解性有机污染物的去除

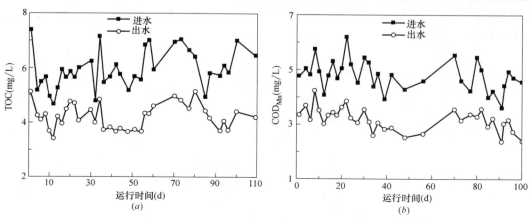

图 6-7 SMBR 长期运行时对 TOC、COD$_{Mn}$的去除效能

率，这是因为 SMBR 中的膜能完全截留进水中的颗粒性有机物。

4. SMBR 长期运行时对消毒副产物的去除效能

由于进水中的 NH_4^+-N 几乎被 SMBR 中的硝化菌群完全氧化，SMBR 出水的耗氯量显著降低。再加上被异养菌群降解的溶解性有机物和被膜截留的颗粒性有机物，SMBR 出水中的消毒副产物生成势必然被显著降低。如图 6-8 所示，本实验采用的受污染原水中的 THMFP 和 HAAFP 浓度分别为 $249.1\pm18.7\mu g/L$ 和 $168.3\pm10.9\mu g/L$。SMBR 取得了 $34.1\%\pm8.5\%$ 的 THMFP 去除率，出水中 THMFP 含量降低到 $163.7\pm19.7\mu g/L$；而 SMBR 对 HAAFP 的去除率为 $24.7\%\pm3.9\%$，出水中 HAAFP 浓度为 $126.8\pm12.3\mu g/L$。

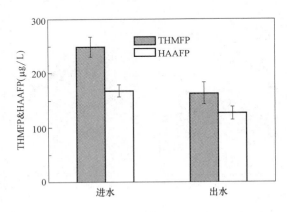

图 6-8 SMBR 长期运行时对消毒副产物前质的去除效能

5. SMBR 长期运行时对可生物降解有机物的去除效能

本实验进一步考察了 SMBR 对可同化有机碳（AOC）和可生物降解溶解性有机碳（BDOC）的去除能力，AOC 与 BDOC 两个指标与水的生物稳定性和管网中细菌二次增长势直接相关。实验结果如图 6-9 所示。

由图可以看出，SMBR 将 AOC 由原水中的 $771.3\pm145.9\mu g/L$ 降低到出水中的 $344.4\pm61.1\mu g/L$，将 BDOC 由原水中的 $0.576\pm0.214mg/L$ 降低到出水中的 $0.259\pm0.114mg/L$，去除率分别达到了 $54.9\%\pm7.5\%$ 和 $51.7\%\pm12.9\%$。可见，经过 SMBR 处理之后，受污染原水的生物稳定性得到大幅度的提高。同时也说明生物处理工艺是去除可生物降解有机物的最佳工艺。

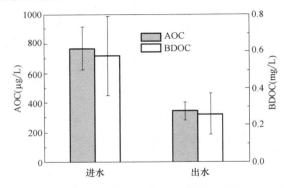

图 6-9 SMBR 长期运行时对可生物降解有机物的去除效能

6.1.4 SMBR 去除 NH_4^+-N 的机理

为阐明 SMBR 对 NH_4^+-N 的去除机理，对反应器混合液取样检测了混合液中的 NH_4^+-N 浓度。结果表明，SMBR 混合液中的 NH_4^+-N 浓度为 $0.41\pm0.05mg/L$，与 SMBR 出水中的 $0.38\pm0.14mg/L$ 基本相同，远低于原水中的 $3.49\pm0.49mg/L$。如图 6-10所示，单独的 UF 实验表明 UF 膜对 NH_4^+-N 几乎没有截留能力，进水 NH_4^+-N 浓度为 $3.20\pm0.95mg/L$ 时，混合液中浓度与进水相同，出水中为 $3.11\pm0.85mg/L$。出水中略低的 NH_4^+-N 浓度可能是因为经膜超滤后水中颗粒物被去除，致使 NH_4^+-N 检测误差较小。这样，就可以认为 SMBR 对 NH_4^+-N 的去除是通过氨氧化细菌和亚硝酸盐氧化细菌的生物硝化作用完成的。本研究中反应器中的 DO 维持在较高的浓度 $7.32\pm0.17mg/L$，这也有利于硝化菌群对 NH_4^+-N 的生物降解。

为确定 SMBR 内硝化菌群的活性，研究中测定了硝化菌的耗氧速率（OUR）。从反应器中取出 50mL 混合液转移到 1L 的锥形瓶中，然后在锥形瓶中充满已经预曝气充氧的 NH_4^+-N 溶液（4mg/L），并立即放入 DO 探头，将锥形瓶密封。锥形瓶内的混合样品用磁力搅拌器在 150r/min 转速下进行搅拌混合，并对其中的 DO 浓度实时检测，结果如图 6-11所示。由图可见，锥形瓶内的初始 DO 浓度为 $7.81mg/L$，经过 200min 的消耗，DO 降低至 $1.41mg/L$。根据 DO 在 2min 和 30min 的浓度，可以计算出 SMBR 内硝化细菌的 OUR 为 $1.06\mu gO_2/(mL$ 混合液 $\cdot h)$。

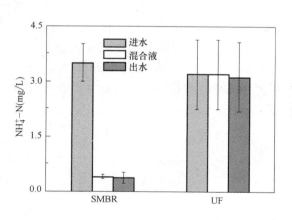

图 6-10　SMBR 中超滤膜以及新膜对 NH_4^+-N 的截留率

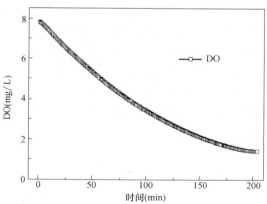

图 6-11　SMBR 混合液中硝化细菌的耗氧速率

6.1.5 SMBR 去除有机物的机理

除了 SMBR 进、出水中的溶解性有机物，研究中对 SMBR 混合液中的溶解性有机物也进行了取样和检测。如图 6-12 所示，SMBR 混合液中的 DOC 为 $6.167\pm0.892mg/L$，UV_{254} 为 $0.089\pm0.006cm^{-1}$，显著高于其在出水中的浓度，甚至高于其在原水中的浓度。SMBR 中的 UF 膜对 DOC 和 UV_{254} 的截留率分别达到 $32.3\%\pm12.9\%$和 $20.6\%\pm5.9\%$。然而，单独的超滤实验表明干净的超滤膜（与 SMBR 中的相同）对 DOC 和 UV_{254} 的截留率分别仅为 11.1％±2.4％ 和 11.4％±1.3％，与前人的研究结果相同。这样，就涉及了一个有机物的强化截留机理，其很可能是由膜表面污泥层的强化过滤作用所提供的。这个污泥层是超滤膜在过滤混合液时在膜表面形成的，包含一层泥饼层和一层凝胶层，通常被称为"二级膜"或"动态膜"，并且已被证明在污水处理中能够强化膜对有机物和颗粒物的去除。从本研究的结果可以看出，在饮用水处理中，膜表面的污泥层也能够强化 UF 膜对溶解性有机物的截留，进一步净化水质。

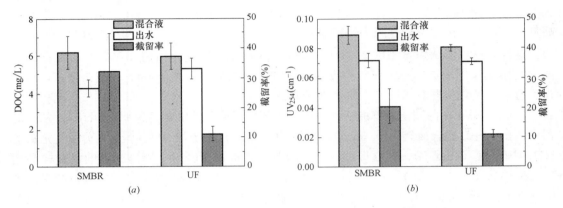

图 6-12　SMBR 和 UF 系统中混合液及出水中的 DOC 和 UV$_{254}$

研究中采用凝胶色谱法对 SMBR 进水、混合液和出水中溶解性有机物的表观分子量分布进行了测定，结果以 254nm 下的 UV 吸收值表示。由图 6-13 可以看出，SMBR 出水中溶解性有机物的紫外吸收峰强度较之原水有所降低；混合液中 UV 活性物质的吸收强度显著高于出水，甚至高于原水，尤其是分子量在 5000～500Da 范围内的有机分子。然而，本研究中采用的 UF 膜孔径为 0.01μm，约相当于切割分子量 10 万 Da。这样，可认为 5000～500Da 范围内的有机物是被 UF 膜表面的污泥层所截留的，其被停留在 SMBR 的混合液中，以待反应器内的微生物进一步的降解。

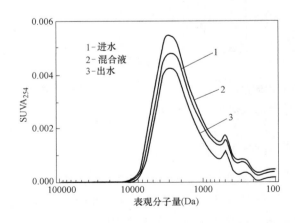

图 6-13　SMBR 进出水及混合液中溶解性有机物的分子量分布

实验中还对 SMBR 进水、混合液以及出水中的溶解性有机物进行了化学分级分析，结果如图 6-14 所示。

显然，混合液中的憎水中性物（HoN）、憎水酸（HoA）和弱憎水酸（WHoA）可以有效地被 SMBR 中的 UF 膜及其上的污泥层所截留。这三种组分在混合液中的浓度分别高于出水 45.0％、42.7％和 48.1％。混合液中憎水碱（HoB）和亲水中性物（HiM）的浓度较之出水分别高出 11.3％和 14.6％，这个截留率与新膜对 DOC 和 UV254 的截留能力基本相同（分别为 11.1％和 11.4％）。因此，可认为混合液中的 HoN、HoA 和 WHoA 主要是被膜表面污泥层截留于反应器中，而 HoB 和 HiM 主要是通过 UF 膜进行分离。

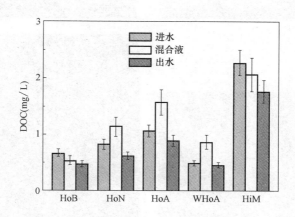

图 6-14　SMBR 进出水及混合液中溶解性有机物的化学分级结果

6.1.6　SMBR 内膜表面污泥层的显微观察

本研究结束时，对 SMBR 内 UF 膜进行了扫描电镜（SEM）观察，结果如图 6-15 所示。应当说明，绝大部分的污泥层，甚至是一部分的凝胶层由于与膜的结合松散而已在样品准备过程中被消除。我们现在在照片上看到的污泥层主要是由与膜结合紧密的凝胶层。由图 6-15（a）可见，一层不规则的粗糙凝胶层广泛分布于 SMBR 内的 UF 膜表面，已无法分辨膜孔；而新膜表面则显得光滑和平坦，膜孔也清晰可见，如图 6-15（b）、（c）所示。由 SEM 照片可以看出，膜表面的凝胶层主要由非生物物质组成，一些微生物分布于其上，该凝胶层显得密实而无孔。

研究中还对膜表面污泥层进行了共聚焦激光电镜（CLSM）观察，结果如图 6-15（d）所示。可以看到 SMBR 内的 UF 膜表面覆盖着一层多糖层（绿色），一些细菌散播于其上（红色）。膜表面的多糖可能源于反应器内微生物的代谢活动。在膜过滤过程中，混合液中的多糖吸附于膜表面而形成凝胶层，从而对混合液中的有机物起到附加的过滤作用。可以认为，CLSM 的观察结果也证实了由 SEM 照片进行的分析。

一组新膜与 SMBR 内 UF 膜表面的三维原子力显微镜（AFM）照片如图 6-15（e）、（f）所示。非常清楚，SMBR 内的膜表面较之新膜出现了更高的表面形貌，也能看出，其表面覆盖着一层密实的凝胶层（松散的泥饼层在 AFM 观察之前可能已被 MQ 水洗去）。AFM 的观察结果与由 SEM 和 CLSM 照片取得的分析一致。

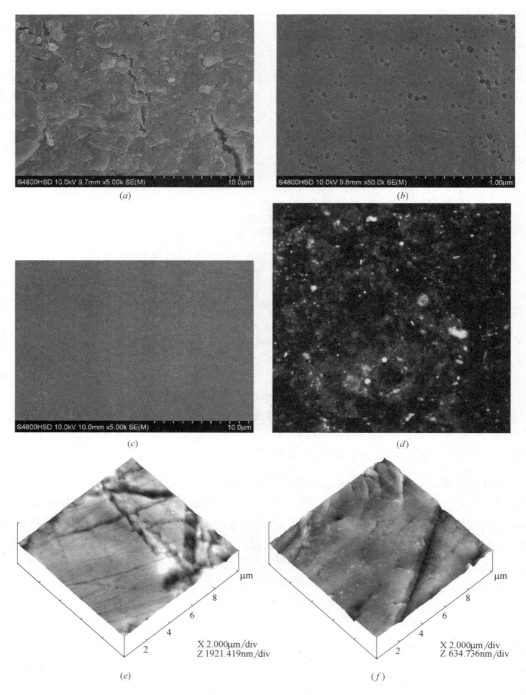

图 6-15　膜表面照片

（*a*）SMBR 内膜表面 SEM 照片；（*b*）、（*c*）新膜表面 SEM 照片；（*d*）SMBR 内膜表面污泥
层 CLSM 照片；（*e*）新膜表面 AFM 照片；（*f*）SMBR 内膜表面 AFM 照片（其中 *e*、*f* 书后附彩图）

　　SEM、CLSM 和 AFM 的显微观察全部显示 SMBR 中的膜表面覆盖着一层不规则的
密实污泥层。本书 6.1.5 节已经证实这层污泥层能对混合液中的溶解性有机物提供附加的

过滤作用。这层污泥层也是污染层，会增加膜的过滤阻力并导致膜渗透通量的损失。

在过滤过程中，污泥层将不可避免地在膜表面形成，其可以通过周期性的水力清洗和化学清洗加以控制。

6.1.7 SMBR 内 UF 膜的 TMP 发展

本实验中，SMBR 内 UF 膜的通量设置在 $10L/(m^2 \cdot h)$，110d 运行时间内的跨膜压力（TMP）发展情况如图 6-16 所示。由图可见，本实验初始的 TMP 比第 61 天膜经化学清洗后的 TMP 高出许多，原因是在开展本实验前 SMBR 已经运行一段时间，UF 膜已经形成一定的膜污染。在第 7 天和第 34 天，SMBR 内的 UF 膜被取出反应器，用自来水冲洗膜表面和反冲洗以进行彻底的物理清洗。

在第 61 天，首先对 SMBR 中的 UF 膜进行物理清洗，使 TMP 由 27kPa 降低到 19kPa。然后，对膜采用 NaOH（5.0g/L）和 NaClO（200mg/L）的混合溶液进行了化学清洗，TMP 进一步降低到 13kPa。基于这些跨膜压数据，可以计算出膜的可逆污染阻力（27−19＝8kPa）占总污染阻力（27−13＝14kPa）的 57.1%，而不可逆阻力（19−13＝6kPa）占总污染阻力的 42.9%。

在这之后，SMBR 的 TMP 随着运行时间逐渐增加，在第 110 天实验结束时增长到 28.5kPa。据此可计算出 TMP 的增长速率平均为 0.33kPa/d。

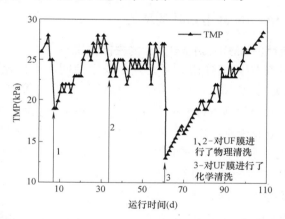

图 6-16　实验期间内 SMBR 内 UF 膜的 TMP 发展

6.1.8 SMBR 反应器内的污泥浓度

实验期间内 SMBR 反应器中的混合液悬浮固体浓度（MLSS）和挥发性悬浮固体浓度（MLVSS）变化如图 6-17 所示。在 110d 的运行时间内，SMBR 内的 MLSS 和 MLVSS 基本稳定，平均值分别为 $2.85\pm0.16g/L$ 和 $1.91\pm0.15g/L$。本研究中，MLSS 主要由 PAC（吸附的有机物，活性污泥生物量）以及膜截留的无机组分构成。110d 的实验期间内，反应器中的 MLSS 没有显著的积累，原因是原水中的悬浮固体浓度较小（浊度仅为 $1.88\pm0.62NTU$），而且可生物降解有机物含量较低，不会造成微生物的过量增长。此外，膜清洗和混合液取样也会带出一部分 MLSS。

本研究中，反应器内的 MLVSS 不仅包含活性污泥生物量，还包含有 PAC（MLVSS

在 600℃下测量，该温度下 PAC 可燃烧成灰烬），以及 PAC 上吸附的有机物。虽然膜启动之初在反应器内投入 1.5g/L 的 PAC，但膜清洗和混合液取样会造成混合液中 PAC 的损失，以致难于精确确定混合液中的 PAC 浓度，从而无法确定实验期间反应器内的生物量。但是，由前文所述可知，SMBR 对 NH_4^+-N 和可生物降解有机物去除效率稳定，因而可推测 SMBR 运行期间反应器内的活性生物量也是比较稳定的。

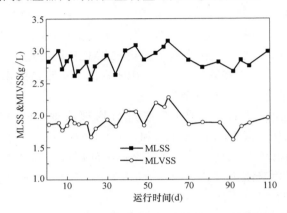

图 6-17　实验期间内 SMBR 中的 MLSS 和 MLVSS

6.1.9　SMBR 应对 NH_4^+-N 冲击负荷的能力

1. NH_4^+-N 冲击负荷时 SMBR 对 NH_4^+-N 的去除情况

由于农业生产中化肥的大量使用，每逢夏季暴雨期间，大量化肥随暴雨径流进入江河，造成饮用水源的突发性 NH_4^+-N 污染。我国珠江、淮河等多处水源存在突发性高 NH_4^+-N 污染问题。水源中的高 NH_4^+-N 含量会造成饮用水处理和饮用水质的诸多问题，比如消耗水中的 DO，造成厌氧环境；加氯消毒时与氯反应生成氯胺，减少游离氯量，并可能产生具有恶臭味的三氯胺；造成管网中硝化菌群的生长，恶化水质，等等。研究水处理工艺应对 NH_4^+-N 冲击负荷的能力具有现实的意义。

本研究采用在实验室配水的方法考察了 SMBR 应对 NH_4^+-N 冲击负荷的能力。如图 6-18所示，在初始的 200h 内，SMBR 在进水 NH_4^+-N 浓度为 3～4mg/L 的条件下稳定运行。在运行的第 205.5 小时，在进水中配入一定量的 NH_4^+-N，以模拟水源的 NH_4^+-N 冲击负荷。10h 后对 SMBR 进、出水进行取样，测得进水 NH_4^+-N 浓度为 6.62mg/L，而出水中 NH_4^+-N 仅为 0.22mg/L，远低于我国饮用水质标准 0.5mg/L。逐渐将进水 NH_4^+-N 提高到 8～10mg/L，出水中 NH_4^+-N 在 0.20～0.69mg/L，平均 0.34±0.14mg/L。

在运行的第 696.5 小时后再次在 SMBR 中加入 NH_4^+-N 冲击负荷，使进水浓度达到 9.55mg/L，1h 后对出水进行检测，发现出水中 NH_4^+-N 已经降低到 0.87mg/L。至此，可认为 SMBR 对饮用水源的突发性高 NH_4^+-N 含量问题有着优异的应对能力，能够在短时间内即适应原水的突发 NH_4^+-N 污染，并将其处理到令人满意的水平。

2. NH_4^+-N 冲击负荷时 SMBR 出水的 NO_2^--N 变化情况

图 6-19 显示了 SMBR 应对水源突发 NH_4^+-N 污染过程中出水中的 NO_2^--N 变化情况。

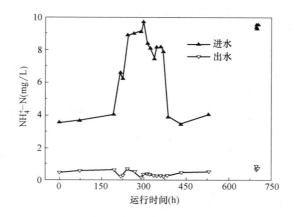

图 6-18 NH_4^+-N 冲击负荷时 SMBR 对 NH_4^+-N 的去除情况

由图可见仅在运行的第 297 小时反应器出水中出现了略显严重的亚硝酸盐积累现象，NO_2^--N 浓度达到 0.6mg/L。之后，出水中 NO_2^--N 的浓度迅速降低，到第 336 小时即减小到低于 0.1mg/L。

众所周知，硝化细菌的时代时间较长，不能在短时间内增殖出足够的生物量。然而，由上述可知，SMBR 能够较好地应对原水中突发性 NH_4^+-N 冲击负荷。原因可能是 SMBR 内始终维持着一定量的硝化细菌，正常运行时进水 NH_4^+-N 浓度较低，硝化菌的活性也较低；而一旦进水 NH_4^+-N 浓度升高，这些硝化菌落即被激活，表现出优良的硝化活性。反应器中较高的曝气速率致使混合液中有足够的 DO，也促进了对 NH_4^+-N 和 NO_2^--N 的去除。

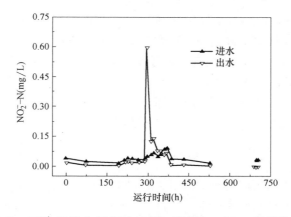

图 6-19 NH_4^+-N 冲击负荷时 SMBR 出水中 NO_2^--N 的变化情况

本节系统考察了 SMBR 用于受污染原水处理的启动特性、长期稳定除污染效能和应对 NH_4^+-N 冲击负荷的能力，可以得出结论：

（1）就 NH_4^+-N 来说，在经历了初始的适应阶段（20d）之后，SMBR 的自然启动可以在 9d 内完成；而此时 SMBR 出水中出现了 NO_2^--N 的积累，负责氧化 NO_2^--N 的硝化细菌的成熟滞后了 6d。就有机污染物来说，由于反应器内 PAC 吸附和生物降解的综合作用，系统并未表现出明显的异养菌落成熟的标志。

（2）在 110d 的稳定运行期间，SMBR 通过生物降解作用始终表现出优良的去除

NH_4^+-N 的效能，而对有机污染物的去除能力有限，对 TOC、COD_{Mn}、DOC、UV_{254}、THMFP 和 HAAFP 的去除率仅为 28.6%、33.5%、21.5%、15.1%、34.1% 和 24.7%，虽然对 BDOC 和 AOC 的去除率达到 51.7% 和 54.9%。通过 SEM、CLSM 和 AFM 的显微观察在 SMBR 内的 UF 膜表面发现一层污泥层，该污泥层能强化 UF 膜对混合液中溶解性有机物的截留，尤其是对分子量在 5000～500Da 的有机分子。

（3）SMBR 能有效应对饮用水源的 NH_4^+-N 冲击负荷，在原水 NH_4^+-N 突然增高到 8～10mg/L 时，SMBR 能在 1h 之内即适应进水的高 NH_4^+-N 含量，并将其处理到令人满意的水平。

6.2 BAC 与 SMBR 除污染效能的比较

6.2.1 工艺特征

1. 实验装置

实验装置如图 6-20 所示，BAC 与 SMBR 采用相同的原水并联运行。BAC 滤柱为有机玻璃材质，$2m \times \Phi70mm$，内部装填厚度为 1m 的柱状煤质颗粒炭层（宁夏 ZJ-15）。SMBR 反应器亦为有机玻璃材质，有效容积为 2L。超滤膜组件为束状中空纤维膜，由海南立升净水科技实业有限公司（Litree）提供，聚氯乙烯（PVC）材质，膜孔径 $0.01\mu m$，膜面积 $0.4m^2$。

2. 运行条件

本研究在实验室进行，膜通量控制在 $10L/(m^2 \cdot h)$，SMBR 的运行方式为抽吸 8min、停抽 2min。空气泵连续向 SMBR 内曝气以提供 DO、进行搅拌混合并清洗膜丝表面，气水比为 20:1；同时在 BAC 内炭层上部对进水进行曝气充氧，使进水 DO 达到饱和状态。

为使对比研究在相同的条件下进行，BAC 和 SMBR 采用相同的水力停留时间（HRT：0.5h）。实验装置启动之前向 SMBR 内一次性投加 3g PAC 以作为生物载体，相当于反应器内 PAC 浓度为 1.5g/L。本研究开始时 BAC 和 SMBR 已运行数月并达到稳定状态。

3. 原水水质

将自来水中按 30:1 的比例配入生活污水，同时加入 1mg/L 的 HA，以模拟微污染原水。通过氯化铵的投加控制该模拟水源 NH_4^+-N 浓度维持在 3～4mg/L。该模拟微污染原水先在室温下稳定 2d 后再供给 BAC 和 SMBR 使用。实验期间平均水温为 $25.2 \pm 2.5℃$，其他水质指标如表 6-2 所示。

原水水质情况　　　　　　　　　　　　　　　表 6-2

水 质 指 标	原水	水质指标	原水
pH	7.17 ± 0.16	DOC(mg/L)	5.398 ± 0.517
浊度(NTU)	1.88 ± 0.62	$UV_{254}(cm^{-1})$	0.086 ± 0.008
TOC(mg/L)	5.952 ± 0.711	NH_4^+-N(mg/L)	3.49 ± 0.49
COD_{Mn}(mg/L)	4.79 ± 0.56	NO_2^--N(mg/L)	0.096 ± 0.117

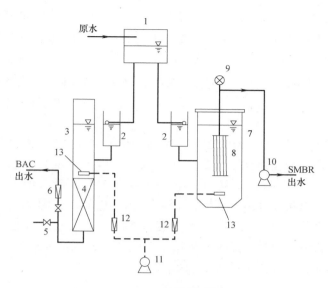

图 6-20 实验装置示意图

1—高位水箱；2—恒位水箱；3—BAC；4—颗粒炭；5—BAC 反冲阀；6—出水流量计；7—SMBR；
8—UF 膜；9—真空表；10—抽吸泵；11—空气泵；12—气体流量计；13—空气扩散器

6.2.2 BAC 与 SMBR 除浊效能比较

如图 6-21 所示，实验期间进水浊度在 $1.05 \sim 2.78$ NTU 之间，平均 1.88 ± 0.62 NTU。SMBR 通过其 UF 膜强大的物理截留作用，将进水浊度去除 96% 以上，出水浊度低至 0.07 ± 0.02 NTU；而 BAC 的除浊效果较差，浊度去除率仅为 60%，出水浊度仍有 0.70 ± 0.16 NTU。因此，实际应用中应考虑将 BAC 与其他工艺相结合来共同完成对浊度的去除，如砂滤、膜滤等，仅仅依靠 BAC 无法满足除浊的要求。

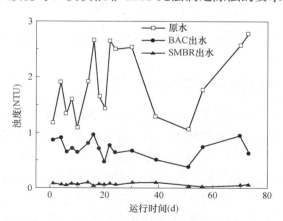

图 6-21 BAC 与 SMBR 除浊效果比较

6.2.3 BAC 与 SMBR 除 NH_4^+-N、NO_2^--N 效能比较

由图 6-22 可见，在本实验中 BAC 对 NH_4^+-N、NO_2^--N 的去除情况并不理想。在进

水 NH_4^+-N 平均为 3.49 ± 0.49mg/L 的情况下，BAC 对其的去除率仅达到 $54.5\%\pm$ 14.5%，出水中仍含有 1.63 ± 0.63mg/L 的 NH_4^+-N；同时出水中产生明显的 NO_2^--N 积累，含量高达 0.435 ± 0.384mg/L（进水 NO_2^--N 仅为 0.096 ± 0.107mg/L）。而 SMBR 对 NH_4^+-N 和 NO_2^--N 则取得了令人满意的去除效果：对 NH_4^+-N 去除率达 90%，出水 NH_4^+-N 平均浓度仅为 0.38mg/L；出水 NO_2^--N 浓度平均为 0.042mg/L，去除率达 56%。

NH_4^+-N 完全硝化所需 DO 为 4.25mg O_2/mg NH_4^+-N，而 BAC 滤柱采用对进水进行预曝气充氧的方式，只能使进水 DO 达到饱和状态，因此可认为是水中 DO 含量限制了 BAC 对进水 NH_4^+-N 的去除，并且因水中 DO 不足而造成出水中 NO_2^--N 的积累。而 SMBR 的反应器构型则解决了这个问题，因其采用反应器底部曝气的方式，可使反应器内混合液的 DO 始终处于饱和状态，因而对进水 NH_4^+-N、NO_2^--N 保持着较高的去除效率。实际应用中应根据原水的性质决定采用何种工艺，若 NH_4^+-N 含量不高采用 BAC 即可满足，而对于高 NH_4^+-N 原水则应考虑采用 SMBR。

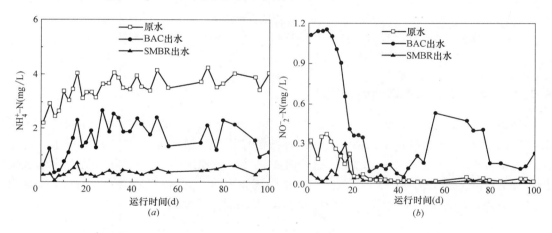

图 6-22　BAC 与 SMBR 除 NH_4^+-N、NO_2^--N 效能比较

6.2.4　BAC 与 SMBR 除总体有机物效能比较

饮用水中总有机污染物通常以 TOC、COD$_{Mn}$ 表示。由图 6-23（a）可见，在长达 110d 的实验期间内，BAC 和 SMBR 对 TOC 的去除情况基本相同：在原水 TOC 平均 5.952 ± 0.711mg/L 的情况下，BAC 对其的去除率为 $27.8\pm7.1\%$，SMBR 则去除 $28.6\%\pm7.3\%$。而 SMBR 对 COD$_{Mn}$ 的去除则明显优于 BAC，如图 6-23（b）所示：在原水 COD$_{Mn}$ 平均 4.79 ± 0.56mg/L 的情况下，SMBR 将其去除 $33.5\%\pm6.3\%$，而 BAC 仅去除 $22.8\%\pm8.7\%$。出现这种情况的原因可能是 SMBR 可通过其反应器内 UF 膜的截留作用将进水中的颗粒性有机物完全截留（出水浊度 0.07 ± 0.02NTU）；而 BAC 出水中仍含有一定量的颗粒性有机物，如生物膜脱落体、碎屑等（出水浊度 $0.70\pm$ 0.16NTU），从而导致其出水 COD$_{Mn}$ 较高。因此，实际应用中必须在 BAC 之后设置砂滤、膜滤等单元作为防止微生物絮体进入清水池的屏障，而不能以 BAC 作为水厂的最

后处理单元。

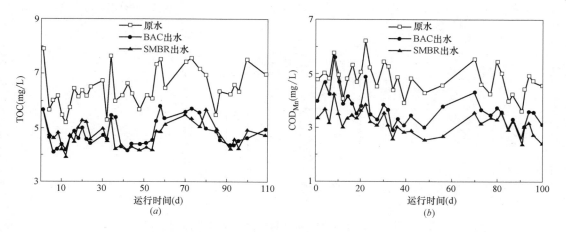

图6-23 BAC与SMBR除TOC、COD$_{Mn}$效能比较

6.2.5 BAC与SMBR除溶解性有机污染物比较

水中总有机污染物大体可分为颗粒性有机物和溶解性有机物两类。颗粒性有机物可较容易地为BAC和SMBR所截留分离，溶解性有机污染物通常以DOC、UV$_{254}$表示。如图6-24（a）所示，实验期间进水DOC在4.367～6.496mg/L之间，平均5.398±0.517 mg/L，BAC对其的去除情况要好于SMBR：SMBR对DOC的去除率平均为21.5±7.0%，而BAC则将其去除26.3±6.0%。由图6-24（b）可以看出，BAC对UV$_{254}$的去除情况更是明显优于SMBR：在进水UV$_{254}$平均0.086±0.008cm^{-1}的情况下，SMBR对UV$_{254}$的去除仅为15.1±4.1%，而BAC的去除率达到29.9±4.7%，比SMBR提高了将近1倍。

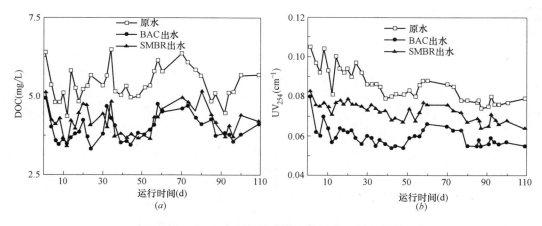

图6-24 BAC与SMBR除DOC、UV$_{254}$效能比较

6.2.6 BAC与SMBR除消毒副产物生成势比较

如图6-25所示，原水中的三卤甲烷生成势（THMFP）和卤乙酸生成势（HAAFP）平均分别为249.1±18.7μg/L和168.3±10.9μg/L。BAC和SMBR对THMFP的去除效率基本相同，分别为 35.8%±4.3% 和 34.1%±8.5%。SMBR 仅去除 24.7%±3.9% 的 HAAFP，而 BAC 对于 HAAFP 的去除率达到 36.9%±4.8%，较之 SMBR 高出 12.2%。

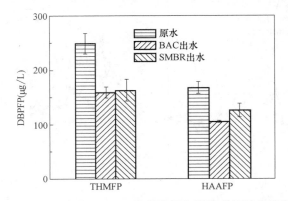

图 6-25 BAC 与 SMBR 除消毒副产物生成势效能比较

6.2.7 BAC 与 SMBR 除生物可降解有机物效能比较

水中的可生物降解性有机物与水的生物稳定性及管网中细菌的二次增长势直接相关，习惯上以生物可降解溶解性有机碳（BDOC）和可同化有机碳（AOC）表示。如图 6-26 所示，原水 BDOC 浓度 0.576±0.214mg/L，BAC 滤柱将其去除到 0.226±0.089mg/L，平均去除率 57.2%±14.3%；而 SMBR 对其的去除率略低（51.7%±12.9%），出水中浓度为 0.259±0.114mg/L。原水中 AOC 浓度平均为 771.3±145.9μg/L，BAC 和 SMBR 对其的去除率分别为 49.3%±6.1% 和 54.9%±7.5%，SMBR 对 AOC 的去除效果略好于 BAC。

综合 BAC 和 SMBR 对 BDOC 和 AOC 的去除情况，可以认为两者对生物可降解有机物的去除能力基本相同。

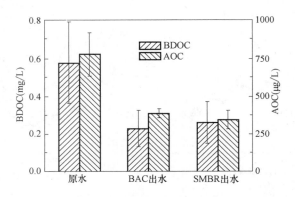

图 6-26 BAC 与 SMBR 除生物可降解有机物效能比较

6.2.8 BAC 与 SMBR 除有机物的分子量分布特性

研究中采用 SEC 法测定了原水以及 BAC 和 SMBR 出水中溶解性有机物的表观分子量分布，结果如图 6-27 所示。

由图 6-27 可见，原水中溶解性有机物的分子量主要在 300～7000Da 之间，经 BAC 和 SMBR 处理之后，分子量在 300～4000Da 之间的有机物吸收峰强度有所降低。但是，与 SMBR 比较起来，BAC 更能有效地降低分子量在 500～3000Da 之间的吸收峰强度。

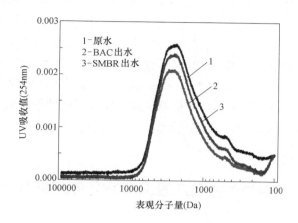

图 6-27　BAC 和 SMBR 去除有机物的分子量分布特性（书后附彩图）

6.2.9　BAC 与 SMBR 去除有机物的化学分级表征

对原水以及 BAC、SMBR 出水中溶解性有机物的化学分级结果如图 6-28 所示。原水中的憎水碱（HoB）、憎水中性物（HoN）、憎水酸（HoA）、弱憎水酸（WHoA）和亲水有机物（HiM）五种组分的浓度分别为 0.681mg/L、0.829mg/L、1.066mg/L、0.488mg/L 和 2.276mg/L。经过 SMBR 处理后，五种组分的去除率分别为 30.2%、24.6%、15.9%、8.3%和 22.8%。由图 6-28 可见，BAC 能够去除更多进水中的 HoN、HoA、WHoA 和 HiM，去除率比 SMBR 分别高出 11.7%、8.8%、13.9%和 4.8%。但是对于憎水碱 HoB，BAC 的去除率仅为 13.8%，低于 SMBR 的去除率 22.8%。深入机理有待于进一步的研究。

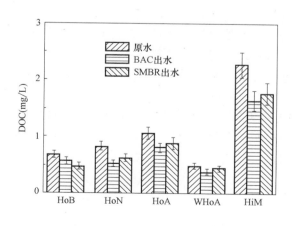

图 6-28　BAC 和 SMBR 去除有机物的化学分级表征

在相同的条件下（如原水水质和水力停留时间）对比研究了 BAC 和 SMBR 用于饮用水处理的除污染效能。结果表明，SMBR 能几乎 100％地截留进水浊度，而 BAC 则只能去除 60％，出水中仍含一定的颗粒有机物。一般来讲，饮用水源中的有机物可生化性较差，主要由难生物降解有机物构成。SMBR 主要通过生物降解作用去除进水溶解性有机物，对 DOC、UV_{254} 的去除率仅为 21.5％和 15.1％；BAC 通过颗粒炭吸附和生物降解的协同作用，能将 DOC、UV_{254} 分别去除 26.3％和 29.9％，效率较高。对于分子量在 500～3000Da 的有机物，BAC 的去除效果明显优于 SMBR。进水 DO 含量限制了 BAC 对 NH_4^+-N 的降解，在进水 NH_4^+-N 平均 3.49mg/L 的情况下仅将其去除 54.5％，并且出水中存在 NO_2^--N 的积累；SMBR 因在反应器底部连续曝气而使混合液 DO 始终处于饱和状态，因而对进水 NH_4^+-N、NO_2^--N 保持着较高的去除效率：NH_4^+-N 去除率为 90％，NO_2^--N 去除率为 56％。

6.3　一体化膜混凝吸附生物反应器深度净化受污染原水

由本书 6.1 节、6.2 节的论述可知，SMBR 不仅能有效去除进水中的浊度，截留微生物和颗粒物，还能通过生物降解作用有效地去除 NH_4^+-N。但是，SMBR 对有机污染物，尤其是溶解性有机物的去除能力较低，原因是饮用水源中的有机物可生化程度较低。

活性炭是饮用水处理中成熟的去除有机物的技术之一，无论是在强化常规处理中还是在应对水污染突发事件中都起着至关重要的作用。活性炭在实际应用中主要有两种方式，一是生物活性炭（BAC），二是粉末活性炭（PAC）。

BAC 通过活性炭吸附和生物降解的协同作用能较好地去除进水中的溶解性有机物，还能在一定程度上去除 NH_4^+-N 等污染物，在我国有着不少的工程应用。如嘉兴的石臼漾水厂，采用了两级 BAC 工艺。若能将后一级 BAC 改造为 SMBR，则能充分发挥两者的优点，形成一级活性炭吸附＋两级生物降解＋一级膜截留的饮用水安全屏障。但是，BAC 和 SMBR 的组合工艺缺点是需要两座单独的构筑物，水力停留时间长。对于浸没式膜生物反应器，也可将 PAC 直接投加在反应器中以发挥活性炭对有机物的吸附作用。这样既节省了占地面积，又发挥了 PAC 和 SMBR 各自的优点。

此外，混凝是饮用水常规处理工艺中的核心技术，历史悠久，在全世界范围内得到了广泛的应用。传统上，混凝的目的是通过电中和、网捕卷扫等作用去除原水的浊度。近十几年来，研究发现混凝也能去除水中相当一部分的有机物，以憎水性的大分子天然有机物为主。

本节尝试直接将混凝剂 PACl 和吸附剂 PAC 投加于浸没式膜生物反应器（SMBR）中，构建了一体化膜混凝吸附生物反应器（MCABR），系统研究了 MCABR 深度净化受污染原水的效能与机理。

6.3.1　工艺特征

1. 试验装置

本节采用的实验装置与 6.1 节相同，在其中直接投加混凝剂 PACl 和吸附剂 PAC。实验装置中的浸没式超滤膜组件由海南立升净水科技实业有限公司提供，为束状中空纤维膜，聚氯乙烯（PVC）材质，膜孔径 $0.01\mu m$。反应器有效容积为 2.0L，原水通过恒位水箱向反应器供水，出水通过抽吸泵由膜组件抽出。跨膜压（TMP）由安装在膜组件和抽吸泵之间的真空表进行监测。空气泵连续向反应器内曝气以提供 DO、清洗膜丝表面，并起到搅拌混合的作用，防止投加到系统中的药剂及活性污泥下沉。

2. 运行条件

本实验中 MCABR 的运行方式为抽吸 8min、停抽 2min。膜面积 $0.4m^2$，膜通量控制在 $10L/(m^2\cdot h)$，相应的水力停留时间（HRT）为 0.5h。空气泵连续向反应器内曝气以提供 DO、进行搅拌混合并清洗膜丝表面，气水比为 20:1。反应器内污泥停留时间（SRT）控制在 20d，剩余污泥通过污泥阀排出。混凝剂 PACl 的投加量为 10mg/L 原水，PAC 的投加量为 8mg/L 原水，采用间歇投加方式，每天分 2 次投加到反应器当中。

3. 原水水质

在当地（哈尔滨）自来水中按 30:1 的比例配入生活污水，同时加入 1mg/L 的 HA，以模拟受污染原水；同时通过投加氯化铵（NH_4Cl）控制该模拟水源中的 NH_4^+-N 浓度在 $3\sim4mg/L$。该模拟受污染原水先在室温下稳定 2d 后再供给生物反应器使用。各实验阶段的原水水质如表 6-3 所示。

实验期间原水水质　　　　　　　　表 6-3

水质指标	原　　水
水温（℃）	13.9 ± 1.2
pH	7.18 ± 0.13
浊度（NTU）	3.42 ± 1.59
TOC(mg/L)	6.678 ± 1.029
COD_{Mn}(mg/L)	3.97 ± 0.39
DOC(mg/L)	5.723 ± 0.662
UV_{254}(cm^{-1})	0.076 ± 0.005
NH_4^+-N(mg/L)	3.70 ± 0.27
PO_4^{3-}-P($\mu g/L$)	92.08 ± 15.10

6.3.2　MCABR 去除溶解性有机物效能

饮用水源中的有机物主要包括颗粒性有机物和溶解性有机物。颗粒性有机物非常易于为膜所筛滤截留；而溶解性有机物则由于难以去除、危害较大而成为饮用水处理中的一个焦点，主要以 DOC 和 UV_{254} 表示。如图 6-29 所示，在 41d 的实验期间内，原水中 DOC 浓度为 $5.723\pm0.662mg/L$，而 MCABR 出水中浓度仅为 $2.089\pm0.454mg/L$，去除率达到 $63.2\%\pm8.4\%$。MCABR 将进水中的 UV_{254} 由 $0.076\pm0.005cm^{-1}$ 降低至 $0.019\pm0.006cm^{-1}$，去除率为 $75.6\%\pm7.3\%$。MCABR 表现出优异的去除溶解性有机物的效能。

活性炭对中等分子量的憎水有机物有着很强的吸附能力，活性炭吸附经常用于饮用水中去除溶解性有机物。采用金属盐混凝则能优先去除大分子量的带负电有机物。此外，水中的低分子量、可生物降解有机物可通过反应器内微生物的生化作用去除。在 MCABR 中，对溶解性有机物的去除是通过混凝、吸附和生物降解作用协同完成的。因此，有理由推断这个一体化的组合工艺能够取得比各个单独工艺更好的水处理效能（在本书 6.3.8 节中详细讨论）。

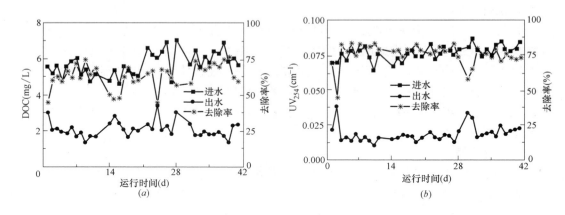

图 6-29　MCABR 去除 DOC 和 UV$_{254}$效能

(a) DOC；(b) UV$_{254}$

6.3.3　MCABR 去除总体有机物效能

在饮用水处理领域经常采用 TOC 和 COD$_{Mn}$ 作为水中总体有机污染物的综合性指标。实验期间 MCABR 对 TOC 和 COD$_{Mn}$ 的去除情况如图 6-30 所示。

由图 6-30 可见，原水中 TOC 和 COD$_{Mn}$ 的平均浓度分别为 6.678±1.029mg/L 和 3.97±0.39mg/L，经 MCABR 处理后，出水中浓度分别降低至 2.089±0.454mg/L 和 1.07±0.38mg/L，平均去除率分别达到 68.3%±7.1% 和 72.7%±10.4%。可见，MCABR 对总体有机污染物的去除率很高，甚至高于对溶解性有机物的去除效率，这是因为 MCABR 可通过其中的 UF 膜将进水中的颗粒性有机物完全截留去除的缘故。

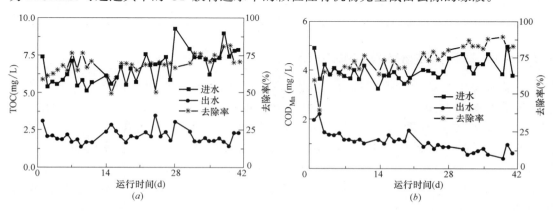

图 6-30　MCABR 去除 TOC 和 COD$_{Mn}$效能

(a) TOC；(b) COD$_{Mn}$

6.3.4 MCABR 去除消毒副产物前质效能

实验期间一体化膜混凝吸附生物反应器对原水中的消毒副产物前质的去除情况如图 6-31 所示。可见，进水中的三卤甲烷生成势（THMFP）和卤乙酸生成势（HAAFP）平均分别为 $217.1 \pm 53.7 \mu g/L$ 和 $125.3 \pm 30.6 \mu g/L$，经 MCABR 处理后，出水中的浓度分别降低到 $97.0 \pm 28.0 \mu g/L$ 和 $53.3 \pm 10.0 \mu g/L$。MCABR 对 THMFP 的平均去除率为 $55.3\% \pm 6.5\%$，对 HAAFP 的平均去除率为 $56.2\% \pm 8.1\%$。

饮用水源中的有机物是消毒副产物的前体物质，消毒时将与消毒剂如氯等反应形成对人体有害的 THM、HAA 等。这样，在与氯反应之前就强化去除有机物是降低饮用水消毒副产物生成势的有效方式之一。由于原水中的有机物在 MCABR 系统中得到了有效的去除，处理后水中的消毒副产物生成势也得以显著地降低。

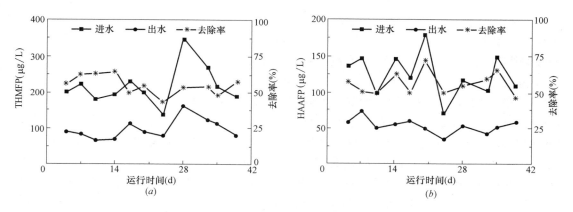

图 6-31　MCABR 去除 THMFP 和 HAAFP 效能

（a）THMFP；（b）HAAFP

6.3.5 MCABR 去除可生物降解有机物效能

饮用水中的可生物降解有机物会在管网中为微生物的二次增殖提供营养基质，造成管网水的生物不稳定，恶化水质。因此，本研究中也考察了 MCABR 对生物可降解有机物的去除效能，结果如图 6-32 所示。

由图 6-32 可见，在 41d 的实验期间内，MCABR 将进水的 BDOC 由 $0.801 \pm 0.183 mg/L$ 降低到出水中的 $0.257 \pm 0.090 mg/L$，相应的去除率为 $67.4\% \pm 11.0\%$。同时，原水中 AOC 浓度平均 $683.9 \pm 296.9 \mu g/L$，经 MCABR 处理后，出水中的 AOC 低至 $151.3 \pm 52.0 \mu g/L$，去除率达到 $75.5\% \pm 8.4\%$。由于水中的可生物降解有机物通常是亲水性的小分子有机物，吸附和混凝对其的去除效果较差，因此，可认为 MCABR 对可生物降解有机物的去除主要是通过反应器内微生物的生化作用完成的。

6.3.6 MCABR 去除 NH_4^+-N 效能

NH_4^+-N 对人体没有直接危害，但其存在于水中会消耗大量的氯，降低消毒效率；同时为硝化菌的生长提供基质，造成管网水的生物不稳定。如图 6-33 所示，在 41d 的运行

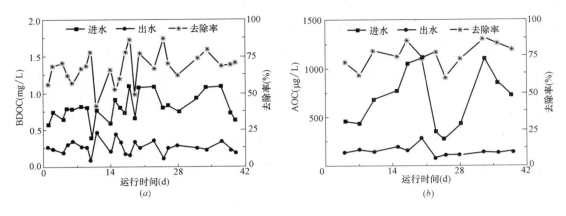

图 6-32　MCABR 去除 BDOC 和 AOC 效能

(a) BOOC；(b) AOC

时间内，原水 NH_4^+-N 浓度在 $3.23\sim4.37mg/L$，平均 $3.70\pm0.27mg/L$。经一体化膜混凝吸附生物反应器处理后，出水中的 NH_4^+-N 浓度降低至 $0\sim0.34mg/L$，平均 $0.08\pm0.07mg/L$，平均去除率达到 $97.88\%\pm1.74\%$。

PACl 的混凝作用和 PAC 的吸附作用都不能有效去除 NH_4^+-N，本研究中采用的低压 UF 膜（孔径 $0.01\mu m$）也不能有效地截留 NH_4^+-N。因此，可认为原水中的 NH_4^+-N 在 MCABR 中主要是通过生物硝化作用去除的。SEM 显微观察结果也表明反应器中微生物的大量存在（图 6-34）。MCABR 系统中几乎 100% 的 NH_4^+-N 生物降解效率也表明在生物反应器中同时投加吸附剂和混凝剂不会对反应器内的生物群落造成严重的不利影响。混凝剂水解后主要以聚合体的形式存在，并随排泥一起排出反应器，不会在反应器中造成严重的积累。

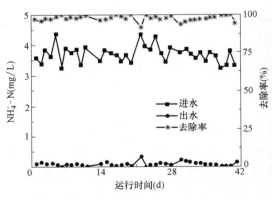

图 6-33　MCABR 去除 NH_4^+-N 效能

图 6-34　MCABR 反应器中微生物的 SEM 照片

6.3.7　MCABR 去除溶解性磷酸盐效能

在水中有机物含量较高的情况下，磷将成为管网中细菌二次增长的限制因子，强化除磷则是控制管网水生物稳定性的重要途径。由图 6-35 可见，实验期间原水中溶解性正磷酸盐浓度平均为 $92.08\pm15.10\mu g/L$。MCABR 对溶解性正磷酸盐有着极其优良的去除效果，出水中 PO_4^{3-}-P 浓度低至 $0.26\pm0.69\mu g/L$，几乎检测不到磷，出水的生物稳定性得到显著提高。在一体化膜混凝吸附生物反应器系统中，主要是利用溶解性正磷酸盐的化学沉淀反应，在混凝过程中将其转化为非溶解态，再通过剩余污泥排放将其去除。

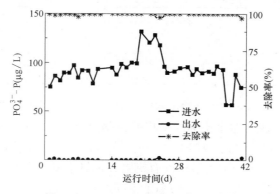

图 6-35　MCABR 去除 PO_4^{3-}-P 效能

6.3.8　MCABR 去除有机物的 4 种作用

在 MCABR 系统中，4 种单元作用协同完成对溶解性有机物的去除：①系统内 UF 膜的截留作用；②反应器内微生物的降解作用；③PACl 的混凝作用；④PAC 的吸附作用。本节中对比研究了单独 UF、传统 SMBR、膜吸附生物反应器（MABR）、膜混凝生物反应器（MCBR）和膜混凝吸附生物反应器（MCABR）对溶解性有机物的去除作用，以期确定在 MCABR 去除有机物中 4 种单元作用各自的贡献，如表 6-4 所示。

可见，单独 UF 对进水有机物去除能力较低，对 DOC 和 UV_{254} 的平均去除率仅为 11.1% 和 11.4%；传统 SMBR 将去除率分别提高到 19.4% 和 16.4%，意味着生物降解作用对去除 DOC 和 UV_{254} 的贡献分别为 8.3% 和 5.0%。当 PACl 投加到反应器中之后，MCBR 对 DOC 和 UV_{254} 的去除率分别达到 44.0% 和 54.5%，表明 PACl 的混凝作用对 DOC 和 UV_{254} 去除的贡献分别为 24.6% 和 38.1%。本研究中，当粉末活性炭（PAC）进一步投加到系统中后，MCABR 对两个指标的去除率分别提高到 63.2% 和 75.6%，表明在 MCABR 中 PAC 的吸附作用对去除 DOC 和 UV_{254} 的贡献分别为 19.2% 和 21.1%。

从表 6-4 中还可以看出，当在 SMBR 直接投加 PAC 时（MABR），对 DOC 和 UV_{254} 的去除率为 37.5% 和 54.6%，意味着 PAC 吸附对去除两个指标的贡献分别为 18.1% 和 38.2%。这样，可以认为 PAC 吸附在 MABR 去除 DOC 中的贡献与在 MCABR 中基本相同（分别为 18.1%、19.2%），然而 PAC 在 MABR 去除 UV_{254} 中的贡献却高于其在 MCABR 中（分别为 21.1%、38.2%），这可能是因为 MCABR 中一部分 UV 活性物质已经被 PACl 混凝去除的缘故。

6.3.9　MCABR 中 UF 膜的过滤机理

本研究中，为阐明 MCABR 中 UF 膜的过滤机理，在检测进出水中有机物浓度的同时，还检测了混合液中溶解性有机物的浓度。如图 6-36 所示，MCABR 系统的混合液中 DOC 和 UV_{254} 浓度分别为 $3.643\pm0.812mg/L$ 和 $0.038\pm0.011cm^{-1}$，当与其在出水中的

不同 SMBR 组合工艺对 DOC 和 UV₂₅₄的去除情况　　　　　表 6-4

工艺	DOC			UV₂₅₄		
	进水（mg/L）	出水（mg/L）	去除率（%）	进水（cm⁻¹）	出水（cm⁻¹）	去除率（%）
UF	5.945±0.712	5.275±0.562	11.1±2.4	0.080±0.002	0.071±0.002	11.4±1.3
SMBR	5.599±0.450	4.513±0.532	19.4±6.7	0.074±0.004	0.062±0.003	16.4±3.8
MCBR	5.734±0.597	3.242±0.785	44.0±9.5	0.075±0.003	0.034±0.002	54.5±3.8
MCABR	5.723±0.662	2.089±0.454	63.2±8.4	0.076±0.005	0.019±0.006	75.6±7.3
MABR	5.599±0.450	3.493±0.406	37.5±6.1	0.074±0.004	0.034±0.004	54.6±5.9

浓度相比较时（DOC 为 2.089 ± 0.454 mg/L，UV_{254} 为 0.019 ± 0.006 cm^{-1}），可计算出实验期间 MCABR 中 UF 膜对两个指标的平均截留率分别为 44.0% 和 49.4%，明显高于新膜对有机物的截留率（DOC 为 11.1%，UV_{254} 为 11.4%）。此外，由图 6-37 可以看出，MCABR 反应器内 UF 膜所截留的溶解性有机物分子量主要在 300~3000Da 之间，明显低于所采用的 UF 膜的孔径（0.01μm，约等于 100kDa）。

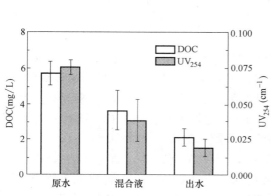

图 6-36　MCABR 的进水、混合液及出水中有机物含量比较

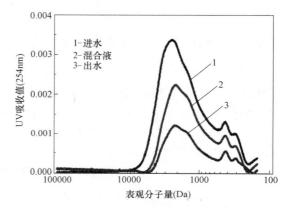

图 6-37　MCABR 的进水、混合液及出水中有机物分子量比较（书后附彩图）

　　这样，可推断在 MCABR 中存在着强化 UF 膜过滤截留混合液中溶解性有机物的机理。为了明确这一点，将 MCABR 中的 UF 膜在扫描电镜下进行了观察，并与新膜做了对比，如图 6-38 所示。可以看出，MCABR 中的 UF 膜在断面的内部结构上与新膜差别不大，因此，可认为对有机物的强化截留并不是由于污染物质在孔内壁沉积导致膜孔径减小而造成的。与新膜的平坦、光滑的表面相比，MCABR 中的 UF 膜表面覆盖着一层密实的不规则污泥层。这样，可以推断，MCABR 中是 UF 膜表面的污泥层起到了对 UF 膜截留混合液中溶解性有机物的强化作用。

　　由共聚焦激光显微镜照片可以看出，大分子有机物如多糖（绿色）广泛分布于膜表面，一些微生物（红色）散布于其中。这些观察结果与 Meng 等人对用于污水处理的 SMBR 中膜表面污泥层所做的观察一致。此外，能谱分析结果表明该污泥层中含有 10.4% 的 Al 元素。这样，可以认为 PACl 的水解产物与有机物互相纠结，其混杂体系在膜表面共同构成污泥层，起到动态膜（二级膜）的作用，为混合液中的溶解性有机物提供了一层密实的屏障。同时，PAC 细微颗粒本身在膜表面构成污泥层的一部分（肉眼可见），协助 UF 膜将混合液中的溶解性有机物截留于反应器中，以待进一步的混凝、吸附和生物降解。

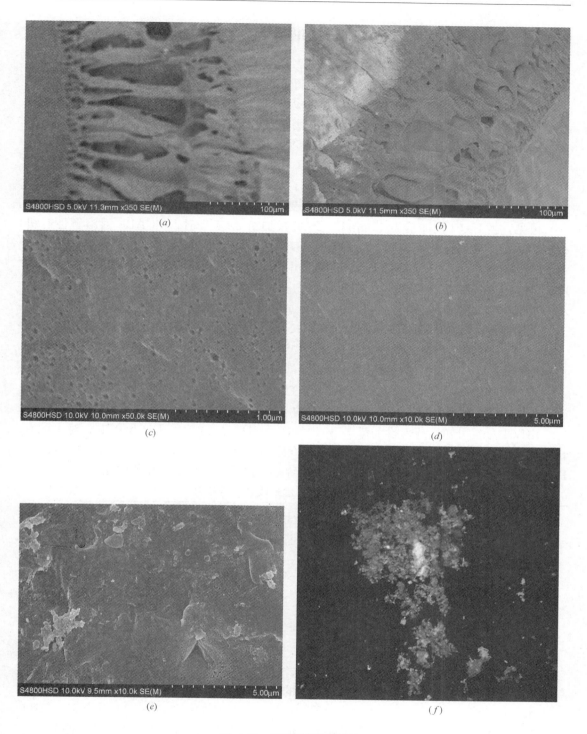

图 6-38　膜表面微观形貌

(*a*) 新膜的断面 SEM 照片；(*b*) MCABR 中 UF 膜的断面 SEM 照片；(*c*) 新膜表面的 SEM
照片；(*d*) 新膜表面的 SEM 照片；(*e*) MCABR 中 UF 膜表面的 SEM 照片；
（*f*) MCABR 中膜表面污泥层的 CLSM 照片（400×）（其中 *f* 见书后附的彩图）

6.3.10　MCABR 处理受污染原水的影响因素

1. 投药量对 MCABR 除污染效能的影响

虽然 MCABR 的污泥龄控制在 20d，即每天有 1/20 的混合液被排出反应器之外，但大量随进水投加的 PACl 和 PAC 仍会积累在反应器中。这些混凝剂和吸附剂在 MCABR 中可充分发挥混凝和吸附作用，提高系统的缓冲容量。

这样，就有必要考虑在 MCABR 中是否可以减少混凝剂和吸附剂的投药量，既节省了药剂费用，同时又不显著影响系统的除污染效能。

本研究中，在平行对比的条件下考察了投药量为 10mg/L PACl、8mg/L PAC 和 5mg/L PACl、4mg/L PAC 时 MCABR 净化受污染原水的效能，结果如表 6-5 所示。

可见，当 PACl 投加量为 10mg/L、PAC 投加量 8mg/L 时，MCABR 对溶解性有机指标 DOC、UV_{254} 的去除率平均为 60.5% 和 78.0%，而药剂量减半时，对两者的去除率为 54.4% 和 68.8%，分别降低了 6.1 和 8.2 个百分点；投药量为 10mg/L PACl、8 mg/L PAC 时，对综合有机指标 TOC、COD_{Mn} 的去除率平均 66.7% 和 66.9%，药剂量减半时，对两个指标的去除率为 59.5% 和 58.7%，分别降低了 7.2 和 8.2 个百分点。

无论何种投药量，MCABR 对进水 NH_4^+-N 的去除率都超过 97%，出水 NH_4^+-N 小于 0.01mg/L。这是因为 NH_4^+-N 主要是通过生物降解作用去除的，与聚合铝和粉末活性炭的投加量关系不大。同时也说明反应器中聚合金属盐的积累对硝化细菌的负面影响较小。

药剂投加量为 PACl 10mg/L、PAC 8mg/L 时，出水中检测不到溶解性磷酸盐，去除率为 100%；而药剂量减半时，去除率降低为 97.3%，出水中含有 2.6μg/L 的 PO_4^{3-}-P。

由以上分析可知，药剂投加量对 MCABR 除 NH_4^+-N 的效能不产生影响；对去除有机物和磷的效能虽然产生一定影响，但影响不显著。说明 MCABR 通过反应器中 PACl 和 PAC 的积累，而使得系统具有了巨大的缓冲容量，抗冲击负荷能力显著增强。

投药量对 MCABR 水处理效能的影响　　　　表 6-5

水质指标	原水	PACl 10mg/L,PAC 8mg/L		PACl 5mg/L,PAC 4mg/L	
		出水	去除率(%)	出水	去除率(%)
DOC(mg/L)	5.140±0.352	2.039±0.264	60.5±6.9	2.424±0.191	54.4±2.5
UV_{254}(cm^{-1})	0.073±0.004	0.016±0.002	78.0±2.5	0.023±0.002	68.8±2.7
TOC(mg/L)	6.025±0.501	2.039±0.264	66.7±3.8	2.424±0.191	59.5±4.3
COD_{Mn}(mg/L)	3.63±0.22	1.20±0.18	66.9±5.3	1.50±0.25	58.7±6.8
NH_4^+-N(mg/L)	3.61±0.15	0.06±0.05	98.5±1.3	0.10±0.09	97.3±2.3
PO_4^{3-}-P(μg/L)	100.8±14.2	0.0±0.0	100.0±0.0	2.6±1.4	97.3±1.5

2. 水力停留时间对 MCABR 除污染效能的影响

水力停留时间（HRT）大时，反应器的体积也大，增加占地面积和基建投资。HRT 小时，可能会造成对水中污染物质去除的不充分。本研究对比考察了水力停留时间分别为 30min 和 60min 情况下 MCABR 的除污染效能。

如表 6-6 所示，当 HRT 为 30min 时，MCABR 对溶解性有机指标 DOC、UV_{254} 和综合有机指标 TOC 和 COD_{Mn} 的去除率平均为 61.2%、78.0%、66.3% 和 77.1%；当 HRT

增加到 60min 时，MCABR 对这些有机污染指标的去除率分别为 61.6%、78.6%、66.3% 和 77.4%，亦即当水力停留时间增加一倍时，MCABR 对有机污染物的去除率增加非常有限。此外，无论 HRT 为 30min 还是 60min 时，MCABR 对 NH_4^+-N 和溶解性磷酸盐的去除效率都几乎相同。

可见，在本实验条件下，水力停留时间对 MCABR 处理受污染原水效能的影响较小，30min 的水力停留时间足以满足 MCABR 去除水中污染物质的要求。

水力停留时间对 MCABR 水处理效能的影响 表 6-6

水质指标	原水	HRT：30min		HRT：60min	
		出水	去除率(%)	出水	去除率(%)
DOC/mg/L	6.301±0.776	2.440±0.584	61.2±8.5	2.516±0.441	61.6±6.7
UV_{254}(cm^{-1})	0.078±0.004	0.017±0.003	78.0±3.0	0.017±0.001	78.6±1.5
TOC(mg/L)	7.240±1.058	2.440±0.584	66.3±7.1	2.516±0.441	66.3±4.7
COD_{Mn}/mg/L	3.98±0.27	0.91±0.09	77.1±2.8	0.90±0.13	77.4±4.0
NH_4^+-N/mg/L	3.93±0.31	0.09±0.11	97.7±2.6	0.08±0.05	97.9±1.1
PO_4^{3-}-P/μg/L	105.0±16.2	0.0±0.0	100.0±0.0	0.0±0.0	100.0±0.0

在 SMBR 中同时投加混凝剂和吸附剂，构建一体化膜混凝吸附生物反应器（MCABR）。结果表明，当 PACl 投量为 10mg/L、PAC 投量为 8mg/L 时，MCABR 通过混凝作用使得对 PO_4^{3-}-P 的去除率几乎达到 100%；通过生物降解作用将 NH_4^+-N 去除率达到 97.8%；对有机污染指标 DOC、UV_{254}、TOC、COD_{Mn}、THMFP、HAAFP、BDOC 和 AOC 的去除率分别为 63.2%、75.6%、68.3%、72.7%、55.3%、56.2%、67.4% 和 75.5%。MCABR 中，四种单元作用协同完成对有机物的去除，分别是 UF、生物降解、混凝和吸附。就 DOC 而言，四种作用的贡献分别为 11.1%、8.3%、24.6%、19.2%；就 UV_{254} 而言，四种作用的贡献分别为 11.4%、5.0%、38.1% 和 21.1%。研究中还发现 MCABR 中 UF 膜对混合液中 DOC 和 UV_{254} 的截留率分别达到 44.0% 和 49.4%，明显高于新膜对有机物的截留率（DOC 为 11.1%，UV_{254} 为 11.4%）。扫描电镜观察结果表明 MCABR 中 UF 膜与新膜的断面结构差别不大，但膜的表面存在一层污泥层，能谱分析表明该污泥层中含有 10.4% 的 Al 元素；共聚焦激光显微镜观察发现 MCABR 中膜表面分布着大量的多糖。推断多糖和 Al 水解产物在膜表面共同形成网状结构，强化对混合液中有机物的截留，尤其是分子量在 300~3000Da 的有机物。

平行对比实验表明混凝剂和吸附剂投加量对 MCABR 除污染效果有一定影响，但影响不显著；在本实验中，将水力停留时间由 30min 增加到 60min，对 MCABR 的水处理效能几乎不产生影响。

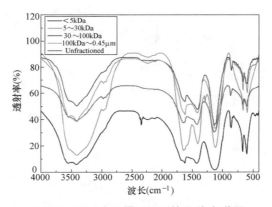

图 3-7　不同分子量 NOM 的红外光谱图

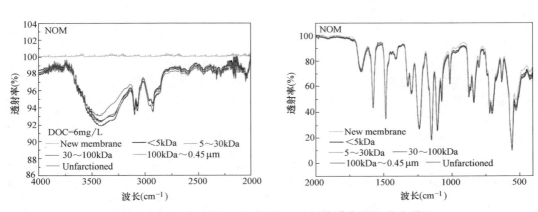

图 3-8　不同分子量 NOM 污染 PES 超滤膜表面红外光谱图

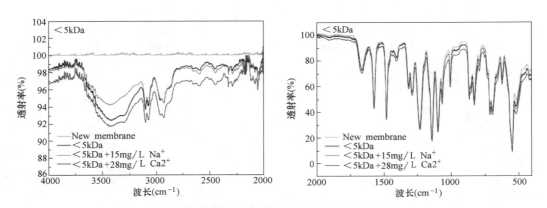

图 3-9　阳离子存在时受污染膜表面红外光谱图（一）

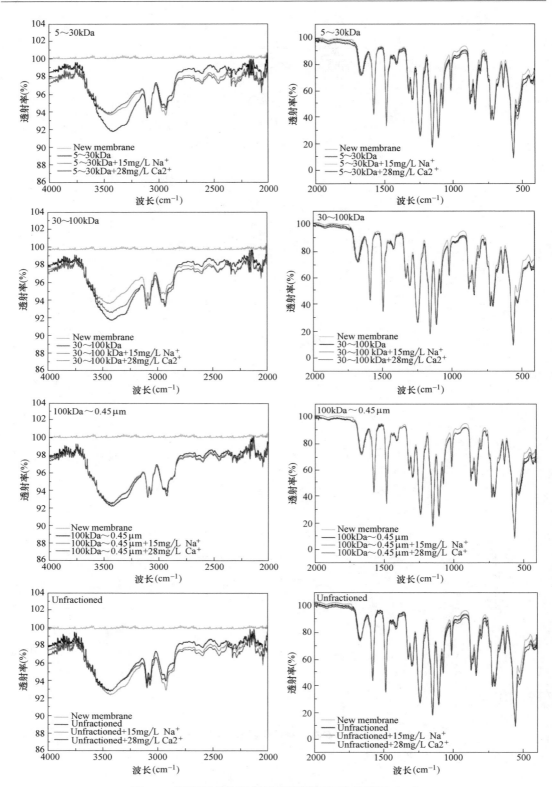

图 3-9　阳离子存在时受污染膜表面红外光谱图（二）

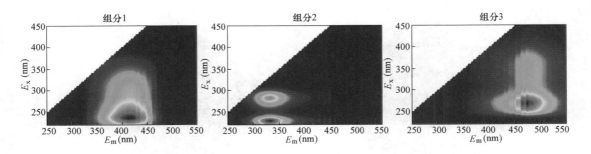

图 3-14　分峰后单组分荧光峰位图

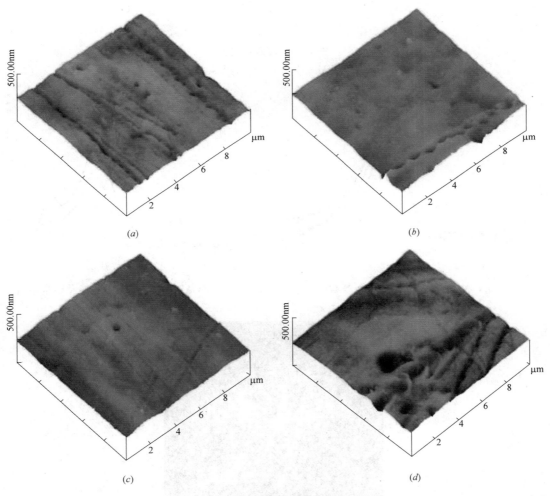

图 4-35　膜表面的三维 AFM 照片

（a）新膜；（b）海绵擦洗后的污染膜；（c）1％ NaOH 清洗 3min 后的污染膜；（d）1％ NaOH
清洗 30min＋乙醇清洗 30min 后的污染膜

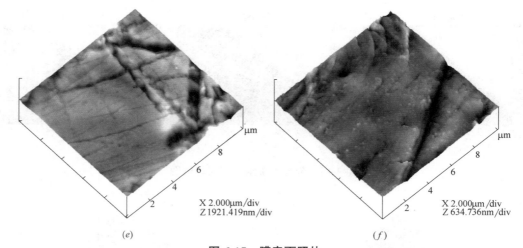

X 2.000μm/div
Z 1921.419nm/div

(e)

X 2.000μm/div
Z 634.736nm/div

(f)

图 6-15　膜表面照片

(e) 新膜表面的 AFM 照片；(f) SMBR 内膜表面的 AFM 照片

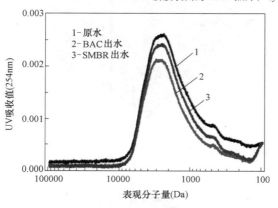

1-原水
2-BAC 出水
3-SMBR 出水

图 6-27　BAC 和 SMBR 去除有机物的分子量分布特性

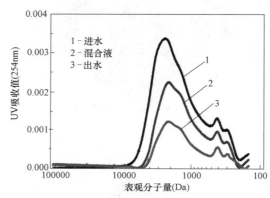

1-进水
2-混合液
3-出水

图 6-37　MCABR 的进水、混合液及出水中有机物分子量比较

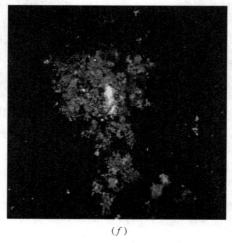

(f)

图 6-38　膜表面微观形貌

(f) MCABR 中膜表面污泥层的 CLSM 照片（400×）